机械制造综合创新
实训教程

程　亮　尹文锋　主　编
刘德明　副主编

化学工业出版社

·北京·

内 容 提 要

根据机械综合实训课程培养目标、定位和理念，本书主要内容是：一、绘图技能，AutoCAD绘图和Creo三维建模软件操作。二、加工技能，机械零件加工常用工艺和相应的安全规程、操作流程，包括车削、钳工、铣削、焊接、数控车削、数控铣削、线切割、激光雕刻、3D打印；机械制造成本的计算方法；不同加工工艺中用到的MasterCam、CAXA、LaserWork软件操作。三、14个各具特色的机械制作教学案例，要求学生学习、构思、设计和实现机械装置，每个案例提出设计和制作要求，提供样机结构、材料清单、生产工艺和成本核算，为学生实训起到引导和示范作用。四、课程运行流程和验收汇报要求，工程实训教学环节过程控制和成果输出的重要文档。

本书可供高等院校机械类专业工程实训教学使用，也可供该类课程教学参考。

图书在版编目（CIP）数据

机械制造综合创新实训教程/程亮，尹文锋主编.
—北京：化学工业出版社，2020.6（2022.7重印）
ISBN 978-7-122-36491-3

Ⅰ.①机… Ⅱ.①程… ②尹… Ⅲ.①机械制造
工艺-高等学校-教材　Ⅳ.①TH16

中国版本图书馆CIP数据核字（2020）第046887号

责任编辑：李玉晖　金 杰　杨 菁　　　　　　文字编辑：陈 喆
责任校对：宋 玮　　　　　　　　　　　　　　装帧设计：刘丽华

出版发行：化学工业出版社（北京市东城区青年湖南街13号　邮政编码100011）
印　　装：北京建宏印刷有限公司
880mm×1230mm　1/16　印张10½　字数394千字　2022年7月北京第1版第4次印刷

购书咨询：010-64518888　　　　　　　　售后服务：010-64518899
网　　址：http://www.cip.com.cn
凡购买本书，如有缺损质量问题，本社销售中心负责调换。

定　　价：35.00元

机械制造实践教学注重理论与工程实际相结合，是培养应用型人才的重要环节。随着机械制造技术的发展，要求培养更多综合性、创新性机械专业人才，传统的以培养学生机械加工操作技能的实践教学模式已不能完全满足培养高素质应用型人才的需求。

近年来，西南石油大学通过探索与实践，在传统的"机械制造实训"课程的基础上延伸出了一门新的实践课程——机械制造综合实训。本课程目标是在已掌握机械加工基本技能的基础上，通过"问题导向、项目驱动、案例教学"的教学模式激发学生创新思维，通过综合应用理论知识和实践技能，提高其分析和解决实际工程问题的能力。本课程采用导师制、分组教学模式，多位同学组成一个项目组，一位教师指导多个项目组，通过讨论式、启发式的教学方式，让学生团队带着既定问题通过构思、设计、实现、运行和汇报等环节完成一个综合性项目，从而培养学生团队协作、综合创新、实践实干、总结表达的能力。

本书正是基于"机械制造综合实训"课程的教学理念、目标、内容以及课程运行模式所编写的，它具有以下特色。

① 联系理论，强化实践。本书内容紧密联系机械原理、机械设计等课程的基础知识，并将基础知识融入实践教学内容中，让学生在做中学、在学中思，在实践中巩固理论知识，提升实战能力。

② 夯实基础，综合创新。创新需要基本知识的积累与支撑，因此本书注重基本绘图能力、设计能力、机械加工技能的培训，同时通过课后作业、案例示范的方式引导学生应用这些基本知识和能力进行综合和创新。

③ 学以致用，即学即用。本书紧扣指导实践教学的核心目标，在内容编排上尽量做到精简实用，让教学内容直接服务于综合实训项目的完成，使学生能够学以致用并且是即学即用，从而提高教学效率。

本书的主要内容包括：第1章介绍三维建模及二维制图软件在机械行业中的应用；第2章介绍典型零件的加工工艺以及机械制造成本分析方法；第3章提供了14个产品设计和制作的教学案例，各案例分别提出了相应产品设计和制作的基本要求、选材清单、样机结构和成本参考，体现了项目驱动、案例教学的基本思想；附录部分提供了综合实训课程运行方案和综合实训报告模板作为教学的参考。

本书内容紧密联系生产实际，注重与"机械制图""机械设计基础"等相邻课程的衔接，并充分考虑了学生实际设计和制作水平，难易程度适当，既能指导学生综合运用已具备的设计、制图、制造等专业知识完成一个项目，还能为学生后续课程学习、课程设计、毕业设计打下基础，并有助于培养学生的工程意识。

本书结构设计循序渐进，符合学生认知、实践规律，适合项目驱动、案例教学的教学模式。书中的案例具有独创性和新颖性，并且各个案例有层次、有弹性，能满足不同学生自主选择的需要，可极大地激发学生的主动性和创造力。

本书是西南石油大学工程训练教学改革和教学经验的总结，由程亮、尹文锋任主编，刘德明任副主编；赖天华、杨建忠、杜超、杨林君、敬爽、汪浩瀚、刘科、包泽军、孙茜、黄建明参加了编写；另外，本书编写过程中还得到了郑悦明、李瑾、陈劲松、刘豫川、王萍、陈超、周勤、向子谦、王正友、刘辉、赵冬的大力支持和帮助，在此一并表示感谢。

由于编者水平有限，书中难免存在不足之处，恳请广大读者不吝指正。

编　者
2020年3月

目录

第1章
CAD软件培训

1.1 AutoCAD 2007应用培训

AutoCAD是目前国际上广为流行的计算机辅助设计软件，是机械工程师必备的绘图工具，作为机械专业学生应该通过训练较好地掌握该软件的各种应用，力求绘图工作更加规范、高效。本章以AutoCAD 2007为载体，介绍一种利用布局出图的方法，该方法涉及绘图前的准备、绘图、标注、打印等一系列操作流程，在开始本章学习之前，读者需对AutoCAD软件的工作界面有初步了解，并对基本的绘图命令、编辑命令和尺寸标注命令等已经具备一定的操作技能，值得强调的是，养成良好的软件使用习惯和对机械制图知识的熟练掌握是最重要的。

1.1.1 用AutoCAD绘图前的准备工作

1.1.1.1 软件界面设置

为了实现更快捷的操作，用户可根据自身操作习惯对软件工作界面进行设置，通常包含常用工具栏的类型和位置、绘图背景颜色、辅助功能设置等，例如，图1-1为AutoCAD 2007软件工作界面，其默认状态显示有绘图工具栏、编辑工具栏等，用户可预先进行以下设置。

① 将"标注工具栏"放置于绘图界面。使用鼠标右键单击工具栏空白区域，弹出快捷菜单，选择"ACAD"选项，在弹出的下拉菜单中勾选"标注"复选框，将弹出的标注工具栏拖曳至合适的位置。

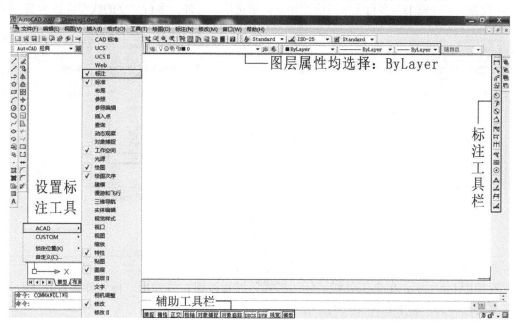

图1-1　AutoCAD软件工作界面

② 改变模型空间背景颜色，系统默认为黑色，可依次单击菜单栏"工具"→"选项"→"显示"选项卡，将背景改为自己喜欢的颜色，白色最佳。

③ 打开"对象捕捉""对象跟踪""极轴""线宽"等辅助功能，其中"捕捉"和"栅格"一般不开启。

本节均以点选图标来实现操作，熟练使用后，可用快捷键输入命令来实现，但方法和习惯因人而异，在此不过多讨论。

1.1.1.2 图层设置

根据《技术制图—图线》（GB/T 17450—1998），零件图的可见轮廓线、螺纹牙顶线等用粗实线表示，中心线、尺寸线等用细实线画出，粗细线宽比为2：1，优选的粗实线线宽为0.5mm和0.7mm，在A4图纸上，粗线设置为

0.5mm较合适。

　　读者可参照图1-2设置机械制图用的各个图层，其中Defpoints图层是在尺寸标注后自动生成的，仅能显示，不可打印，可用此图层绘制辅助线或创建布局视口，应用十分方便。另外，图层颜色可根据个人喜好进行设置，但在打印图形之前均要修改为"白"色（索引颜色7号），否则打印的线条将是灰色。

　　最后，如图1-1所示，图层的特性均要设置为ByLayer（基于图层），否则绘制线条的颜色、线型或线宽将与预设不符，给绘图工作带来麻烦。读者应注重良好习惯的养成，严格区别使用图层，特别是当图形越复杂，选择和编辑图线的工作就越烦琐，若能严格区分使用各种线型，再结合图层的"开关""冻结"和"锁定"选项，进行图样编辑，必定事半功倍。

图1-2　机械制图常用线型种类

1.1.1.3　文字样式设置

　　打开"文字样式"对话框，可分别设置汉字样式、数字和字母样式（图1-3），选用"SHX字体"为"gbenor.shx"，"大字体"为"gbcbig.shx"，"宽度比例"为"0.7000"，如图1-3（a）所示，而数字和字母可倾斜"15°"，如图1-3（b）所示，其余均默认设置，标注或书写多行文字时应严格按需求选用，另外，多行文字的线型应该为细实线。

　　　　　（a）汉字样式　　　　　　　　　　　　　　　（b）数字和字母样式

图1-3　"文字样式"对话框设置

1.1.1.4　标注样式设置

　　标注样式设置如图1-4所示，单击工具栏"标注样式"设置按钮，将弹出"标注样式设置"对话框，用户可新建标注样式或修改现有样式，其中新建样式的操作步骤如下。

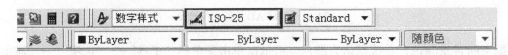

图1-4　标注样式设置

　　①"新建"一标注样式并命名，如图1-5所示，"基础样式"，设置为"ISO-25"，"用于"设置为"所有标注"。
　　② 在"直线"选项卡设置"尺寸线"和"尺寸界线"的样式，其中"颜色""线型"和"线宽"均设置为"ByLayer"，"超出尺寸线"设置为"2"，"起点偏移量"设置为"0"，如图1-6所示。
　　③"符号和箭头"选项卡参照图1-7进行设置，而在装配图里，用于标注零件序号的引线样式应设置为"小点"。
　　④ 设置标注的"文字"样式，如图1-8所示，"文字样式"选择"数字或字母样式"，　"文字高度"设置为

"3.5"，"文字对齐"采用"ISO标准"，"文字位置"为垂直上方、水平置中。

图1-5　新建标注样式

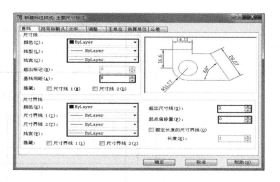

图1-6　"直线"选项卡

图1-7　"符号和箭头"选项卡

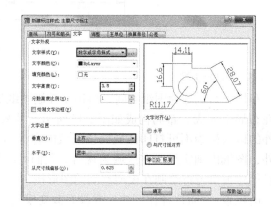

图1-8　"文字"选项卡

⑤"调整"选项卡，如图1-9所示，勾选 "在尺寸界线之间绘制尺寸线"复选框，"标注特征比例"一定要选择"将标注缩放到布局"单选项，在AutoCAD软件里，"比例"是值得深入研究的问题，读者可自行研究，不再赘述。

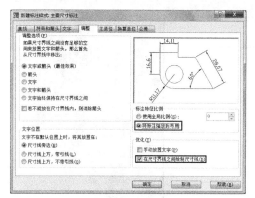

图1-9　"调整"选项卡

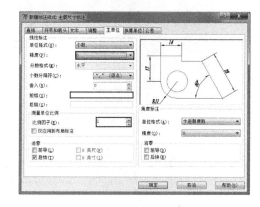

图1-10　"主单位"选项卡

⑥"主单位"选项卡，如图1-10所示，"单位格式"设置为"小数"，"精度"可根据需要进行选择，一般为整数，这里的"比例因子"是指标注的尺寸数值与绘制图形实际大小的比例，由于采用布局出图，这里一定要设置为"1"，今后无论零件尺寸大小如何，均按照1∶1进行绘制。

此外，常常需要在非圆视图采用线性标注直径尺寸，为了方便，可再新建一标注样式命名为"直径尺寸标注"，其"基础样式"为"主要尺寸标注"，其他设置不变，只需要在"主单位"选项卡添加"前缀"为"%%C"符号，选用此标注样式，利用"线性"标注，就可以直接获得带有直径符号的尺寸。

最后，"单位换算"和"公差"选项卡采用系统默认设置即可，对于部分需要表示公差的尺寸，可通过"对象特性"（或按Ctrl+1快捷键）里的"公差"选项进行设置。

1.1.1.5　绘制图框和标题栏

根据《技术制图　图纸幅面和格式》（GB/T 14689—2008），需要装订的A4图样，其图框距纸张左边界距离为25mm，图框其余各边距纸张周边的距离为5mm，图框应采用粗实线绘出。此外标题栏应根据《技术制图　标题栏》（GB/T 10609.1—2008）或《技术制图　明细栏》（GB/T 10609.2—2009）绘制，学生可采用图1-11所示的简化版标题栏。绘制图框和标题栏时，要选用预设的线型和文字样式，绘制结束后存储为一个文件，留作布局设置时使用。

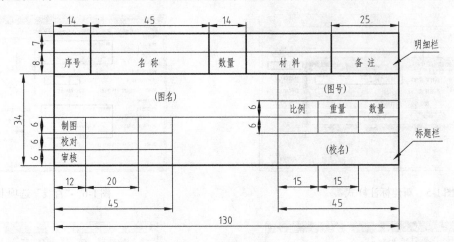

图 1-11　图框和标题栏

1.1.1.6　布局设置

布局空间也称为图纸空间，可用来控制图纸的页面大小，零件的视图布置、标注、注释、打印出图等操作都应该在布局里完成。布局构成如图 1-12 所示，其灰色区域相当于桌面，白色区域即为图纸，在图纸页面内虚线边框以外的区域称为不可打印区域，该区域内容将不能被打印机输出，因此，布置的各个视图应该处于虚线边框以内，另外，图纸内细实线所在区域为视口。我们可以将图纸页面看作放置在模型空间各个图层之上的一层不透明图层，通过创建视口可将绘制在模型空间的图形按一定比例显示在图纸上（这就是布局：将视图以合适的比例放置在图框合适的位置），而这种比例缩放并没有改变模型空间图形实际尺寸，用户再按预设的样式进行尺寸标注，获得的尺寸数值将与模型空间图形实际尺寸一致，而用户不用再考虑比例因子换算等问题，也不用再进行难以把控的图形缩放编辑操作，因此十分方便。以下为布局设置的基本流程。

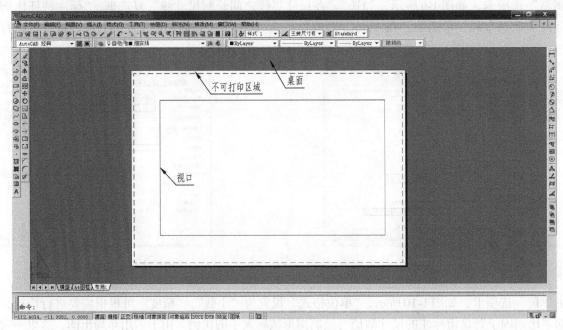

图 1-12　布局构成

① 如图 1-13 所示，切换到布局空间，在布局名称处使用鼠标右键单击，弹出快捷菜单，单击"重命名"选项，修改布局的名称，再通过单击快捷菜单中的"页面设置管理器"选项，弹出"页面设置管理器"对话框和"页面设置"对话框进行页面设置，其中"图纸尺寸"为"A4"，"打印比例"为"1∶1"，单位为"毫米"，"图形方向"为"横向"。

② 设置打印机，如图 1-13 所示，通过"打印机/绘图仪"选项组选择虚拟打印机"Foxit Reader PDF Printer"（需要提前安装软件"福昕阅读器"），单击"特性"按钮，弹出"绘图仪配置编辑器"对话框，选择"修改标准图纸尺寸（可打印区域）"选项，在"修改标准图纸尺寸"下拉列表选择"A4"选项，单击"修改"按钮，如图 1-14 所示，进入"自定义图纸尺寸——可打印区域"对话框，将不可打印区域全部置为0，如图 1-15 所示，连续单击"下一步"按钮，最后会出现一个配置文件保存对话框，此设置将以文件的形式进行保存，依次单击"确定""关闭""退出"按钮，此时的布局页面大小与A4纸张大小相同。

用户在没有真实打印机的情况下，使用"Foxit Reader PDF Printer"打印出图是一个较方便的选择，通过此打印机将获得一个PDF格式的图纸文档，此外还有许多虚拟的jpeg图片打印机可供选择，读者可自己研究。

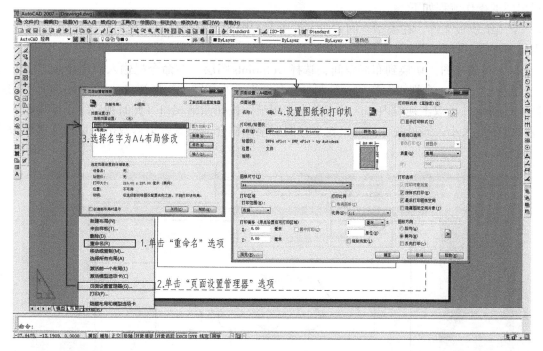

图1-13　布局页面设置各对话框

图1-14　绘图仪配置编辑器

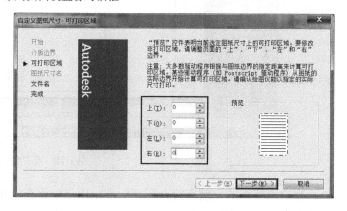

图1-15　自定义图纸尺寸

③ 将图框放置于布局，布局设置完成后，在模型空间将已绘制的图框通过复制先粘贴为块，再切换到布局空间，通过选择菜单栏"插入"→"块"选项插入预先绘制好的A4图框。注意：插入块时的"插入点"，"缩放比例"等选项组均不能勾选"在屏幕上指定"复选框，如图1-16和图1-17所示。至此等同于建立了一个标准的A4绘图模板，用户可以将此文件保存成后缀名为DXF格式（一种图形文件格式，可以和其他绘图软件兼容）的文档存储于邮箱或U盘，以后可随时读取，不用再进行烦琐的图层、文字样式和标注样式等设置，仅需绘图、标注和打印输出即可。用户还可以新建多个布局，每个布局设置不同的页面大小，这样一个模板就包含了多种尺寸的图框，使用极其方便。

图1-16　插入图框

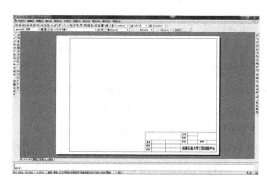

图1-17　建立好的A4布局模板

1.1.2　运用布局输出图纸的操作流程

利用布局出图的操作流程如下。

① 打开一个图纸模板文件,在模型空间完成零件所有视图的绘制。注意:此时绘图比例为1:1,在模型空间仅绘图,不需标注尺寸。

② 建立视口,布局视图。切换到布局空间,选择Defpoints图层,在命令栏输入快捷命令"MV"或单击菜单栏"视图"→"视口"→"一个视口"选项,绘制一个与图框大小相同的矩形视口,通过视口可以观察到模型空间的图形,如图1-18所示,再双击视口内部区域或单击"图纸"按钮激活视口(此时视口线条变为粗实线),滚动鼠标滚轮调整视口内图形大小,通过按住鼠标滚轮平移图形至图框合适位置,最后双击视口外部区域取消视口激活,至此完成视图的布局。

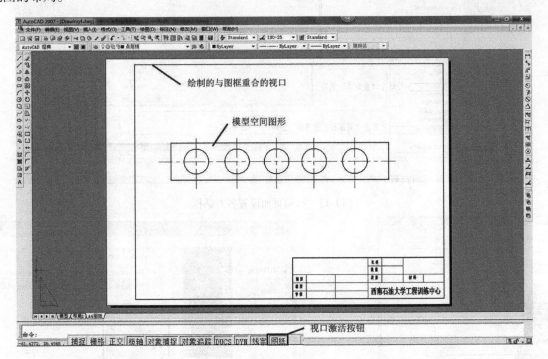

图1-18　布局的视口

此外,视口内视图的比例应符合国家标准,用户应该在选中视口后,通过"对象特性"面板内的"其他"选项将"标准比例"选择为合适的值,并将"显示锁定"切换为"是",以此将视图按比例锁定在视口内,以防止今后误操作。值得注意的是,这些"比例"是图形在布局的显示比例,并没有将模型空间的图形进行缩放操作,在布局空间测量的尺寸与模型空间绘制的实际尺寸大小是相同的。

③ 视图布局好后,即可标注尺寸、符号,填写标题栏等,至此绘图工作完成,再打印即可获得一张PDF文件格式的标准图纸,按照这样的过程,打印在图纸上的文字字高、图线线宽均符合预先设置的值。此外,在布局里标注的尺寸与模型空间的视图分离,互不干扰,后续编辑工作更方便。

采用布局出图的方法,用户可以在同一个文件里绘制整个机器的不同零件,分别用不同的布局布置每个零件,这对设计文件的管理也是很方便的。

1.1.3　绘图常见错误

AutoCAD仅仅是一种绘图工具,熟练使用该工具对高效开展工作是十分必要的,但学生还应该多花精力研究机械制图基本知识,达到技能的全面提高。以下列举一些学生在绘图过程中常出现的错误,今后应注意避免。

1.1.3.1　投影关系不正确

轴的圆视图放在轴主视图的右边就不符合投影关系,如图1-19所示,改正时应将轴主视图旋转180°,将轴的小头放右边,或将圆视图放置在主视图左边。

1.1.3.2　将剖视图表达为断面图

轮廓要素不完整的例子如图1-20所示,此剖视图仅表达了断面图形(即剖面区域),没有将剖切后的可见轮廓完全表达,主视图中虚线所示的轮廓线是学生经常忽略掉的要素,应该用粗实线画出。

1.1.3.3　图中出现不必要的虚线

在表达零件视图时应尽量避免用虚线,要配合剖视或其他视图尽可能直观展现结构。图1-20中左视图上的3个虚线圆，在主视图中已通过剖视表达清楚，所以不必绘制。

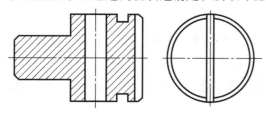

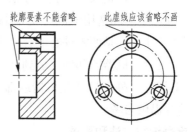

图 1-19　投影关系不正确　　　　　　　　　　　　图 1-20　轮廓要素不完整

1.1.3.4　局部剖视的波浪线不能与零件轮廓线重合

在画局部剖视图时，要用波浪线将视图和剖视图分开，但因波浪线与图形轮廓线重合而不正确，如图 1-21 所示。图 1-22 为改正后的画法。

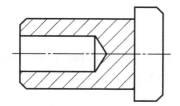

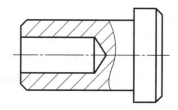

图 1-21　波浪线与轮廓线重合　　　　　　　　　　图 1-22　局部剖视的正确表达

1.1.3.5　忽略因倒角产生的轮廓要素

零件在倒角后要产生新的轮廓线，如图 1-21 所示的轴右端倒角，缺少轮廓线，图 1-22 为改正后的画法。

此外，尺寸标注也是学生绘图时的难点问题，零件结构缺少定位尺寸，或基准选择随意不符合工艺要求等是常出现的错误，因此要多参照制图教材或相应的国家标准，确保尺寸标注清晰完整。

1.1.4　绘制装配图要点

1.1.4.1　装配图主要内容

一张完整的装配图应具备以下内容。

① 一组视图　选用一组恰当的视图表达机器的工作原理、各零件间的装配、连接关系和零件的主要结构形状等。

② 几类尺寸　装配图中的尺寸一般包括机器或部件的规格尺寸、外形尺寸、配合尺寸、安装尺寸以及其他重要尺寸。

③ 技术要求　用文字或符号说明机器或部件的性能、装配、调试和使用等方面的要求。

④ 零件序号、明细栏和标题栏　在装配图中要对每个零件或部件编订序号，且明细栏中的序号要与视图中的序号一致，以便于看图和生产管理。此外，明细栏中还要填写零件的名称、数量、材料、质量、备注等。若是标准件，还要写明规格尺寸。标题栏的内容、格式、尺寸等已经标准化，与零件图的标题栏完全一样。

1.1.4.2　装配图的表达方法

零件表达方法中的视图、剖视图和剖面图等，同样适用于装配图，除这些表达方法外，装配图还有一些规定画法和特殊画法，以便于区分不同零件，正确理解零件之间的装配关系，规定画法主要有以下几种。

① 相邻零件的接触表面和配合表面只画一条粗实线。

② 不接触表面和非配合表面应画两条粗实线。

③ 两个金属零件相互邻接时，剖面线的倾斜方向应当相反，或者方向一致而间距不等，但同一零件在不同视图中的剖面线倾斜方向和间距应一致。

④ 当剖切平面通过螺钉、螺母、垫圈等连接件及实心件（如轴、手柄、连杆、键、销、球等）的基本轴线时，这些零件均按不剖绘制，其上的局部结构需表达时，可采用局部剖视。

1.1.4.3　装配图的尺寸标注

装配图的尺寸标注要求与零件图的尺寸标注要求相同，但不需要标注每个零件的全部尺寸，只需标注一些必要尺寸，主要有以下几类。

① 规格尺寸　规格尺寸是指用于表明机器（或部件）的性能或规格的尺寸。这类尺寸一般在任务书中就已确定，它是设计、了解和选用该机器或部件时的主要依据。

② 配合尺寸　凡是两零件有配合要求时，必须注出配合尺寸，例如轴与孔的配合常需要标明公差。

③ 安装尺寸　机器或部件安装到其他零、部件或基座上的相关尺寸称为安装尺寸。

④ 外形尺寸　外形尺寸是机器或部件的总长、总高、总宽尺寸，它反映了机器或部件的总体大小，为安装、包装、运输等提供参考。

1.1.4.4　序号编写方法和要求

① 零件的序号应该用引线引出后进行标注，引线的箭头样式为小点，在标注时，应将圆点画在零部件的可见轮廓内，指引线的另一端应画一水平线或圆，并在线上或圆内注写序号，序号的字高应比尺寸数字大一号或两号，对于很薄的零件或涂黑的剖面，可在指引线末端画出箭头，并指向该部分的轮廓。

② 指引线相互不能相交，当它通过有剖面线的区域时，不应与剖面线平行，必要时，指引线可以画成折线，但只允许曲折一次。

③ 一组紧固件以及装配关系清楚的零件组，可采用公共指引线。

④ 装配图中的标准化组件，如油杯、滚动轴承、电动机等，看作为一个整体，只编写一个序号。

⑤ 各序号应沿水平或垂直方向按顺时针或逆时针顺次排列整齐，并尽可能均匀分布。

1.2　三维建模技术及其应用

1.2.1　Creo 三维建模软件简介

传统的设计方法是通过二维表达后，再制作成实体模型，然后根据模型的效果进行改进，再制作成工程图用于生产。三维建模软件使三维立体化设计得以实现，在生产前的设计绘图中，产品的任何细节都能通过计算机详尽地展现在设计师的面前，设计师可以对建立的三维模型进行优化设计，大大地节省了设计的时间和精力，而且更准确。

目前，比较流行的三维建模软件有 Creo、UG、Solidworks、CATIA 等，这些软件都是支持 CAD/CAM/CAE 一体化技术的大型软件。各种三维建模软件的建模原理基本类似，建模流程也大同小异，只是在软件功能上及操作方法上存在一定差别。本节将以 Creo 软件为例，介绍三维建模技术在机械产品设计中的应用。

Creo 是 PTC 公司于 2010 年 10 月推出的三维可视化技术新型 CAD 设计软件包。它是第一个覆盖概念设计、二维设计、三维设计、直接建模等领域的设计套件。Creo Parametric 是 Creo 软件包里最为重要的程序软件，它继承了以往 Pro/Engineer 强大而灵活的参数化设计功能，并增加了柔性建模等创新功能，可以说 Creo Parametric 是 3D CAD 领域的新标准，本节将重点介绍 Creo Parametric 的使用方法。

1.2.2　Creo parametric 基础操作

1.2.2.1　工作界面

图 1-23 所示为 Creo 起始界面，采用了选项卡形式，简化了用户工作环境，零件设计模块的工作界面如图 1-24

图 1-23　Creo 起始界面

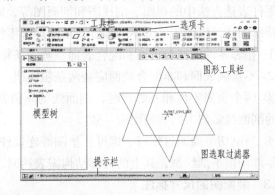

图 1-24　工作界面

所示，其他模块的界面也基本类似，其工作界面由以下几个部分组成。

① 工具栏　通过该工具栏可以快速访问频繁使用的工具，该工具栏中的工具可以根据用户的需要进行增减。

② 选项卡　位于窗口的上部，选项卡用于放置各种命令，其中的命令都有所不同。

③ 图形工具栏　提供各种图形显示方式以及操作。

④ 模型树　默认状态下位于窗口的左侧，按照用户建立特征的顺序，将它们以树状的结构列出。

⑤ 菜单　"文件"菜单，该菜单中集成了一些常用的文件操作命令。

⑥ 选取过滤栏　位于主窗口的右下角，使用该栏相应选项，可以有目的地选择模型中的对象。

⑦ 提示栏　显示当前操作提示信息。

1.2.2.2　文件管理

（1）设置工作目录

Creo软件将运行过程中产生的文件保存在工作目录中。为了更好地管理有关联的文件，在开始工作前，需要设置工作目录。工作目录设置方法：选择"文件"→"管理会话"→"选择工作目录"菜单项，出现如图1-25所示的"选择工作目录"对话框。在"文件名"文本框中输入工作目录名称。

（2）新建文件

选择"文件"菜单项，将弹出"文件"下拉菜单。选择"文件"→"新建"菜单项，出现如图1-26所示的"新建"对话框，该对话框包括要建立的文件"类型"及其"子类型"。

1）"类型"　在该选项区域中列出Creo提供的功能模块。

① 草绘　创建2D草图文件，其文件名为*.sec。

② 零件　创建3D零件设计模型文件，其文件名为*.prt。

③ 装配　创建3D零件模型装配文件，其文件名为*.asm。

④ 制造　创建NC加工程序，模具设计，其文件名为*.mf8。

⑤ 绘图　创建2D工程图，其文件名为*.drw。

⑥ 格式　创建2D工程图的图纸格式，其文件名为*.frm。

2）"名称"　可在"名称"文本框中输入新的文件名，若不输入，则为系统默认的文件名。

3）"使用默认模板"　使用系统默认的模块选项，如默认的单位、视图、基准平面、图层等设置。

图1-25　工作目录设置

图1-26　新建文件

（3）文件保存

选择"文件"→"保存"菜单项，可以将当前工作窗口的模型文件保存到工作目录中。每保存一次，就生成一个新的版本文件，原来版本的文件不会被覆盖。如要将文件保存为具有新文件名或其他格式类型的文件时，可将文件保存为副本，选择"文件"→"另存为"→"保存副本"菜单项，出现如图1-27所示的"保存副本"对话框，选择要保存的目录，输入新的文件名，选择相应的文件类型。

（4）拭除文件

文件关闭后会存在于内存中，需要将文件从内存中彻底删除时，可进行文件拭除操作。选择"文件"→"管理会话"菜单项，出现如图1-28所示的展开菜单。

"拭除当前"：将当前工作窗口中的模型文件从内存中拭除。

"拭除未显示的"：将没有显示在工作窗口中但存在内存中的所有模型文件拭除。

1.2.2.3　鼠标操作

① 左键：用于选择菜单选项、图标按钮，选择对象，确定位置等。

② 中键　单击鼠标中键可以结束当前的操作。另外，鼠标中键还可用于控制视图方位、动态缩放显示模型及动态平移显示模型等。

a.动态旋转　按住鼠标中键并移动鼠标指针，可以动态旋转显示位于工作区的模型。

b.缩放　同时按住Ctrl键和鼠标中键，上下拖曳鼠标指针可以动态地放大或缩小显示位于工作区的模型。转动鼠标的滚轮同样可以动态地放大或缩小显示在工作区的模型。

c.平移　同时按住Shift键和鼠标中键，拖曳鼠标指针可以动态地平移显示在工作区的模型。

③ 右键　选择在工作区的对象、模型树中的对象、图标按钮等，使用鼠标右键单击，显示相应的快捷菜单。

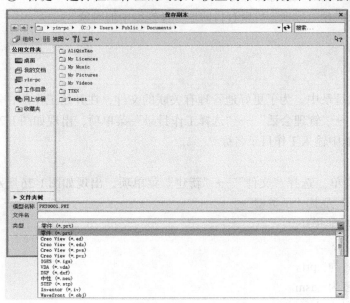

图1-27　文件保存

图1-28　拭除文件

1.2.3　草绘

Creo生成实体模型的基础是草图，草图是指在二维平面上通过基本几何图形组成实体模型的轮廓图或截面图，将这些实体轮廓和截面图通过拉伸、旋转、扫描、混合等操作生成实体特征。

1.2.3.1　进入草图模块

方法一：打开"新建"对话框（图1-29），在"类型"选项区选择"草绘"单选项，新建一个草绘文件，如图1-29（a）所示。

方法二：在"零件"模块中，单击"模型"选项卡的"草绘"按钮，进入草绘界面。在新建零件特征时，可以通过放置零件截面，进入草绘界面，如图1-29（b）所示。草绘分为独立草绘和内部草绘，独立草绘会在特征树中单独显示，它可以作为多个特征的草图，内部草绘是实体特征的一部分。

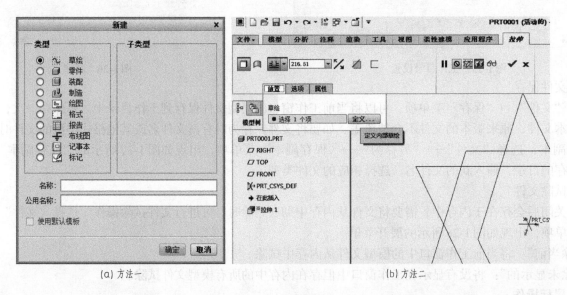

(a) 方法一　　　　　　　　　　　　　　　　　(b) 方法二

图1-29　新建草绘

1.2.3.2　草绘基本操作

（1）建立草绘基准面

草图必须依附于一个基准平面，可以选择坐标基准平面、利用现有的几何体上的平面或用户定义的基本面放置草图。

（2）绘制草绘图元

草绘图元包括点、线、弧、矩形、圆等，这些图元的绘制功能都集中在"草绘"选项卡的"草绘"区域中，如图1-30所示，按钮有下三角符号的，单击该按钮可以将其隐藏功能展开。

（3）标注图元尺寸

图元尺寸有两种：一种是"弱尺寸"，为软件自动标注的尺寸，呈现灰色；另一种是"强尺寸"，为手动标注的尺寸，呈现黑色。Creo图元受尺寸驱动，所以通过标注尺寸可以控制几何图形。

对于弱尺寸，可以进行手动修改，方法是选择尺寸，单击"草绘"选项卡中"编辑"区域的"修改"按钮进行修改，经修改后的尺寸成为强尺寸，可以约束图元。

（4）草绘约束

草图绘制时，常遇到草绘约束的问题。例如，绘制直线时，单击确定起点，再移动鼠标指针拉出直线，如果确定的终点与起点在近似水平的位置上，系统会自动使直线成为水平线，并在线旁显示"H"字样，表示该直线受到水平约束。Creo草绘可以自动判断约束条件，也可以手动设置，"约束"对话框中包含有9种几何约束，可以根据不同的需要单击相应的按钮，对几何图元进行约束。

（5）草绘编辑

草图绘制完成后往往需要进行编辑，编辑命令包括裁剪、分割、镜像、缩放和旋转等。

图1-30　草绘工具

1.2.3.3　其他格式二维图形导入草绘

在结构设计、产品设计过程中，经常需要将CAD二维图纸转化为Creo三维图，或者是遇到一些复杂的截面，在Creo中完成草绘比较困难，我们希望采用专业的CAD二维绘图软件绘制二维图，对于采用其他CAD软件绘制好的二维图，如何将其导入Creo草绘中，以便进行后续三维建模操作？下面介绍其操作方法。

① 在CAD软件中绘制二维图，或者修改已存在的工程图，即将工程图中非轮廓线都删掉，如标注尺寸、中心线等，然后保存二维图形文件。

② 进入Creo草绘，选择顶部菜单栏里的"草绘"→"数据来自文件"→"文件系统"菜单项，然后找到已保存的二维图形文件。

③ 设置二维图形缩放比例。

④ 按住图形中间的圆圈拖动将图形移动到合适位置，还可通过旋转对导入的二维图形进行角度位置的调整。

1.2.4　零件实体建模

使用Creo进行三维实体零件设计是进行机械设计的一种方法，在实体的创建过程中，常常需要综合运用多种模型生成方法和基本技巧才能完成实体模型的创建工作。

特征是组成Creo实体建模的最基本单元，通过不同特征的不同组合，形成最后我们要得到的实体模型，建模就是对目标模型进行分析，把这个目标模型拆成"特征"，最后组合起来。

特征包括实体特征、曲面特征、基准特征、分析特征等。其中最基本的实体和曲面特征按构成方式可分为拉伸（Extrude）、旋转（Revolve）、扫描（Sweep）、混合（Blend）。

1.2.4.1　拉伸

将绘制的二维截面沿着该截面所在平面的法向拉伸指定深度生成的三维特征称为拉伸特征。拉伸特征通常适用于创建比较规则的实体。

单击拉伸特征操控板中相应的类型按钮，包括实体、曲面与薄板，将显示相应的操控板，进行创建即可，如图1-31所示。如果模型中已经有创建好的基体类型，那么拉伸特征还可用来创建剪切材料，即从已有的模型中挖去一部分材料。

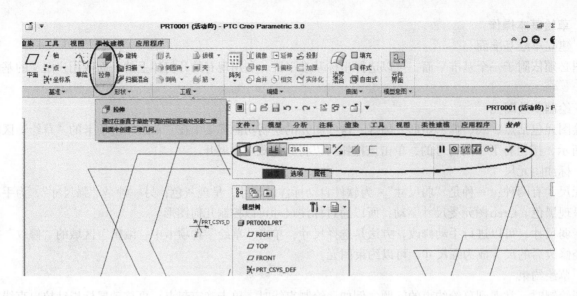

图1-31 拉伸特性

拉伸特征创建过程：选择"拉伸"按钮→放置→定义→选择草绘平面→草绘完成后单击"√"按钮确定→输入拉伸长度并选择拉伸方向或选择拉伸至平面→用鼠标中键（或单击"√"按钮）确定。图1-32为应用拉伸特征创建的零件实体。

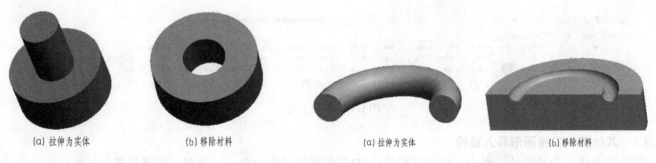

(a) 拉伸为实体　　　(b) 移除材料

图1-32 拉伸零件

(a) 拉伸为实体　　　(b) 移除材料

图1-33 旋转零件

1.2.4.2 旋转

将绘制的二维截面围绕给定的轴线旋转指定的角度而生成的三维特征称为旋转特征。旋转需要指定的特征参数有截面所在的草绘平面、截面的形状、旋转方向以及旋转角度。旋转特征的注意事项如下。

① 草绘时必须要有旋转中心线。

② 草绘截面落于中心线一边，不能跨越中心线。

③ 草绘截面必须是封闭的（非绝对，实体旋转必须封闭，但实体加厚草绘旋转或曲面旋转方式无须封闭）。

旋转特征可以用来创建实体、曲面以及薄板等基体类型，若模型空间中已经有创建的基体类型，那么旋转特征还可以用来剪切材料，即从已有的模型中去除掉部分材料。

旋转特征创建过程：选择"旋转"按钮→放置→定义→选择草绘平面→草绘完成后单击"√"按钮确定→输入旋转角度并选择旋转方向或选择旋转至平面→用鼠标中键（或单击"√"按钮）确定。图1-33为应用旋转特征创建的零件实体。

1.2.4.3 扫描

扫描特征是通过草绘轨迹线或者选择轨迹线，然后沿该轨迹线对草绘截面进行扫描来创建实体薄板或者曲面，扫描特征中一共有扫描轨迹和扫描截面两大基本元素，扫描特征的应用比较灵活，能够产生形状复杂的零件，如图1-34所示。

常规的截面扫描可使用特征创建时的草绘轨迹，也可以使用由选定基准曲线或边组成的轨迹，"草绘轨迹"表示需要在草绘模式下绘制一条曲线作为扫描特征的轨迹线，"选取轨迹"则是指选择图形中现有的一条曲线或者基准线作为扫描特征的轨迹线。

图1-34 扫描零件

1.2.4.4 混合

拉伸、旋转和扫描特征都可以看作是草绘截面沿一定的路径运动，它们都有一个公共的草绘截面，但是在实际的物体中，不可能只有相同的截面，对实体进行抽象，它可看作由不同形状和大小的无限个截面按照一定的顺序连接而成。

使用一组适当数量的截面来构建一个混合实体特征，创建混合特征，也就是定义一组截面，然后再定义这些截面的连接混合手段，因此，产生一个混合特征必须绘制多个截面，截面的形状以及连接方式决定了混合特征最后的基本形状。混合特征注意事项如下。

① 混合特征截面不能少于两个。

② 在创建混合特征时，每一个混合界面所包含的图元数必须保持相同，即每一个截面的端点数或者区段数必须相等。

混合特征的产生方式有平行、旋转、一般3种方式，这3种混合方式的绘制原则是每个截面的顶点数或者段落数必须相等，且剖面之间有特定的连接顺序。

（1）平行混合　扫描截面之间是相互平行的，所有混合截面都必须位于多个相互平行的平面上，如图1-35所示。

（2）旋转混合　旋转混合特征的各截面之间通过绕Y轴旋转一定的角度进行连接，以该方式产生混合特征时，对每一个截面都需定义一个坐标系，系统会根据所定义的坐标系绕Y轴旋转，旋转的角度从0°~120°，系统默认为45°，应用旋转混合得到的零件如图1-36所示。

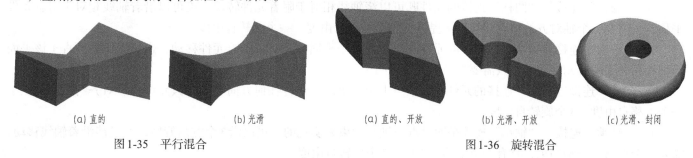

(a) 直的	(b) 光滑		(a) 直的、开放	(b) 光滑、开放	(c) 光滑、封闭
图1-35　平行混合			图1-36　旋转混合		

1.2.5 装配及运动仿真

在Creo中，可以将各零件按照设计要求虚拟装配起来，直观体现产品全貌，这样更易发现设计中存在的问题，如是否发生装配干涉等，从而增加设计工作的可靠性和正确性。产品的虚拟装配利用Creo的"组件"模块实现。

产品装配好后，还可以模拟现实机构的运动，Creo"机构"模块是专门用来进行运动仿真和动态分析的模块，Creo的运动仿真与动态分析功能集成"组件"和"机构"模块，是一对相互联系比较密切的模块，"机构"中可以识别"组件"模块下添加的各种约束集，只有在"组件"模块下正确创建装配约束，才可以按照设计意图对机构进行运动仿真。

1.2.5.1 常见约束

在"组件"模块中，零件与零件间的位置关系采用约束来定义。元件常用的约束类型主要有自动、距离、角度偏移、平行、重合、法向、共面、居中、相切、固定和默认。

① 自动　此项是默认的方式，当选择装配参照后，程序自动以合适的约束进行装配。

② 距离　将元件装配至距装配参考一定距离的位置。

③ 角度偏移　将元件参考与装配参考成一个角度。

④ 平行　通过装配参考指定元件参考的装配方向。

⑤ 重合　将元件参考与装配参考重合。

⑥ 法向　元件参考与装配参考相互垂直。

⑦ 共面　共面是指两组装元件（或模型）所指定的平面、基准平面重合（当偏移值为零时）或相平行（当偏移值不为零时），并且两平面的法线方向相反。

⑧ 居中　元件参考与装配参考同心。

⑨ 相切　相切是指两组装元件或模型选择的两个参照面以相切方式组装到一起。

⑩ 固定　被移动或者封装的元件固定到当前位置。

⑪ 默认　用默认的组件坐标系对齐元件坐标系。

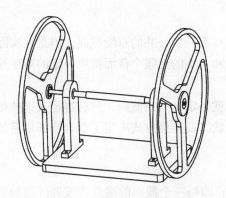

图1-37 装配实例

1.2.5.2 装配实例

装配实例如图1-37所示。

1.2.5.3 常见连接

在"机构"模块中构件与构件之间的运动关系是由"连接"来定义的,"连接"其实是一个约束集,是由不同的约束组成,使用"连接"装配的零件根据"连接"中约束的不同而使零件产生不同的自由度。

Creo提供了12种连接定义,主要有"销""滑块""圆柱""平面""球""轴承""刚性""焊缝""常规""槽""万向"和"6DOF"等。

创建"连接"有3个目的。

a.定义"组件模块"将采用哪些放置约束,以便在模型中放置元件。

b.限制主体之间的相对运动,减少系统可能的总自由度。

c.定义一个元件在机构仿真中可能具有的运动类型。

① "销"连接 "销"连接需要定义两个轴重合,两个平面对齐,元件相对于主体选转,具有旋转自由度,没有平移自由度。

② "滑块"连接 "滑块"连接仅有一个沿轴向的平移自由度,滑块连接需要一个轴对齐约束、一个平面匹配或对齐约束以限制连接元件的旋转运动。与销连接正好相反,滑块提供了一个平移自由度,而没有旋转自由度。

③ "圆柱"连接 "圆柱"连接的元件既可以绕轴线相对于附着元件转动,也可以沿着轴线相对于附着元件平移,只需要一个轴对齐约束。圆柱连接提供了一个平移自由度、一个旋转自由度。

④ "平面"连接 "平面"连接的元件既可以在一个平面内相对于附着元件移动,也可以绕着垂直于该平面的轴线相对于附着元件转动,只需要一个平面匹配约束。

⑤ "球"连接 "球"连接的元件在约束点上可以沿附着组件任何方向转动,只允许两点对齐约束,提供了一个平移自由度、3个旋转自由度。

⑥ "轴承"连接 "轴承"连接是通过点与轴线约束来实现的,可以沿3个方向旋转,并且能沿着轴线移动,需要一个点与一条轴约束,具有一个平移自由度、3个旋转自由度。

⑦ "刚性"连接 连接元件和附着元件之间没有任何相对运动,6个自由度完全被约束了。

⑧ "焊缝"连接 "焊缝"连接将2个元件连接在一起,没有任何相对运动,只能通过坐标系进行约束。

⑨ "常规"连接 元件连接时约束自行定义,自由度根据约束的结果来判断。

⑩ "槽"连接 "槽"连接包含一个点对齐约束,允许沿一条非直线轨迹移动。

⑪ "万向"连接 元件可以绕配合坐标系的原点进行空间旋转,具有3个旋转自由度。

⑫ "6DOF"连接 可绕3个轴来进行旋转和平移运动,使用6DOF连接副,可建构一个具有3个旋转运动轴和3个平移运动轴的连接模型。

创建"连接"有3个目的:a.定义"组件模块"将采用哪些放置约束,以便在模型中放置元件;b.限制主体之间的相对运动,减少系统可能的总自由度;c.定义一个元件在机构仿真中可能具有的运动类型。

1.2.5.4 运动仿真实例

定义机构的连接方式后,在装配环境下单击"应用程序"选项卡中"运动"区域的"机构"按钮,进入机构运动仿真环境,对图1-38所示装配体进行运动仿真。

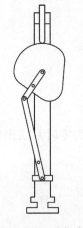

图1-38 运动仿真

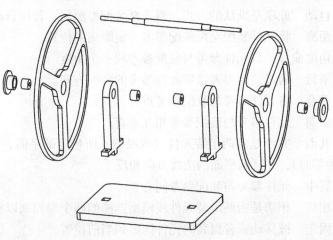

图1-39 装配体爆炸图

1.2.5.5 分解视图

用户对装配模型使用爆炸视图，可以直观地观察其零件的组成及结构关系，在Creo"装配"模块中，单击图形工具栏中"视图管理器"按钮，弹出"视图管理"对话框，单击"分解"选项卡中的"新建"按钮，创建一个新的爆炸视图，单击"编辑"下三角按钮，在弹出的下拉菜单中选择"编辑位置"选项，进入"分解工具"选项卡，利用该选项卡中的帮助工具创建爆炸视图，图1-39为车轮装配体爆炸图。

课后作业

用Creo软件绘制图1-40所示转轴的三维模型，并截图打印，再用AutoCAD软件绘制该转轴零件图（采用布局出图）并打印。

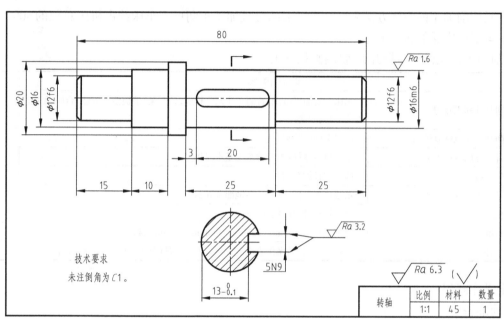

图1-40　绘图作业

第2章
机械制造操作技能培训

2.1 车削加工

车削是金属切削加工的主要方法之一。在一般的机械加工车间里，车床约占机床总数的50%，车削也是机械制造综合实训中运用最广泛的加工工艺。

（1）车削加工技能恢复与提升训练安排（1.5天）

序号		实 训 内 容		时间安排
1	车削基础知识复习	车床主要加工范围,普通车床基本构成,各开关、手柄使用方法,台阶轴车削工艺,刀具的选择		10min
	车削加工技能恢复训练	练习车削台阶轴		120min
	提升训练内容讲解1	示范典型零件:细长轴车削基本操作		40min
	学生练习	练习细长轴车削		300min
	提升训练内容讲解2	示范典型零件:锥套零件锥面和孔的加工		40min
	学生练习	练习钻孔、扩孔、铰孔和车锥面		150min
2	材料准备	圆钢$\phi40mm\times35mm$、$\phi25mm\times300mm$、$\phi10mm\times240mm$		
3	考核办法	实习纪律(包括操作表现)占20%,工件质量(分优、良、中、差4等)占80%		

（2）安全操作规程

1）开车前准备

① 检查机床各手柄是否处于正常位置，安全罩是否安装完好，各处润滑油是否充分。

② 刀具安装要垫好、放正、夹牢，刀具装卸或者切削加工时必须锁紧方刀架。

③ 工件安装要装正、夹牢，工件安装或者拆卸后，要及时取下卡盘扳手。

2）开车后注意事项

① 不能改变主轴转速。

② 不能测量旋转的工件尺寸。

③ 不能用手触摸旋转的工件和卡盘。

④ 不能用手清除切屑，必须用专用工具或者毛刷。

⑤ 切削时戴好防护眼镜。

⑥ 机床启动后，集中精力，认真观察，不得离开机床。

3）若加工中发生事故

① 立即停车，关闭电源。

② 保护现场并及时向指导老师汇报。

③ 分析原因，寻找解决办法，总结经验，避免再次发生。

4）加工结束后

① 关闭电源，擦拭机床，打扫场地。

② 加注润滑油。

③ 机床擦拭中，注意不要让铁屑、刀尖伤手，卡盘、溜板、刀架、尾座不应发生碰撞。

（3）恢复训练

1）车床的开关和刀架刻度 认识机床的电源开关，牢记各刀架刻度值。大刀架每格为0.5mm，中刀架每格为0.02mm，小刀架每格为0.05mm。以中刀架为例，每进一格，对应的工件直径将减少0.04mm。

2）台阶轴零件加工　通过练习台阶轴加工能学习车削基本工艺，初步掌握车削的操作技能。图2-1为台阶轴零件图，其加工步骤见表2-1。

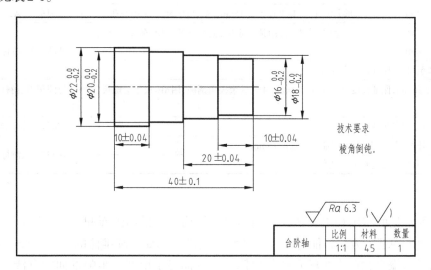

图2-1　台阶轴

表2-1　台阶轴的加工步骤

加工顺序	工序内容	刀具、量具、工具
1	将ϕ25mm×300mm毛坯放入三爪卡盘，确定装夹长度为55mm，夹紧，车端面获得基准，分层车削外圆直径至22mm，长度为43mm	
2	车削ϕ20mm外圆，长度30mm	外圆车刀、切断刀、游标卡尺
3	车削ϕ18mm外圆，长度20mm	
4	车削ϕ16mm外圆，长度10mm，各棱角倒钝	
5	切断，保证长度41mm	切断刀、游标卡尺
6	调头装夹ϕ20mm外圆，车端面，保证ϕ22mm长度为（10±0.04）mm，棱角倒钝	外圆车刀、切断刀、游标卡尺

（4）提升训练

（4.1）车削细长轴

细长轴通常作为机器的芯轴或转轴，在综合实训时也经常会运用到，掌握细长轴车削加工技术将大大提升学生车削加工能力，因而它是本课程的一个重点。在车削中，当要加工长径比$L/D>4$的工件时，其刚性将变差，应考虑采用顶尖进行支撑，以提高加工时的刚性。如图2-2所示的细长轴，该零件长度为75mm，最大直径ϕ9mm，其加工步骤如表2-2所示。

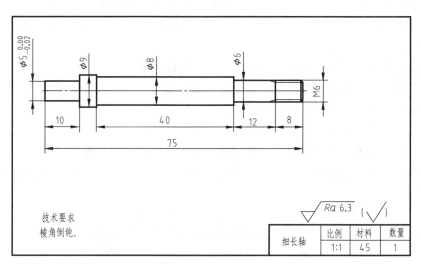

图2-2　细长轴

表 2-2　细长轴的加工步骤

加工顺序	工序内容	刀具、量具、工具
1	将 ϕ10mm×240mm 毛坯放入三爪卡盘,确定装夹长度为15mm,夹紧,车端面,钻中心孔	外圆车刀、A2中心钻头、游标卡尺、钻夹头
2	松开三爪卡盘,调整装夹工件长度85mm左右,用顶尖定位,夹紧三爪卡盘,车外圆至尺寸 ϕ9mm,长度为77mm	外圆车刀、游标卡尺、顶尖
3	车 ϕ8mm 外圆至尺寸,保证长度为60mm	
4	车外圆至尺寸 ϕ6mm,保证长度20mm,倒角 1mm×45°,其余棱角倒钝,用M6板牙套螺纹,保证长度8mm	外圆车刀、游标卡尺、M6板牙及板牙架、顶尖
5	切断工件,保证工件长度为76mm	切断刀、游标卡尺、顶尖
6	调头夹 ϕ8mm 外圆,夹紧,车端面,保证工件总长75mm	外圆车刀、游标卡尺
7	车外圆 ϕ5mm 到尺寸,长度10mm,棱角倒钝	

（4.2）车削锥面

锥面加工也是一种常见的车削加工工艺,在很多机械结构中,采用锥面配合起到密封、自动夹紧或定心的作用。学生要掌握锥面加工的基本方法,能计算和调整转盘角度,例如,圆锥体的标注是 ▷1：3,即这个圆锥的锥度为1：3,计算方法是大端直径减去小端直径除以锥体长度而等于锥度。车削锥面的方法主要有宽刀法、小刀架转位法、偏移尾座法和靠模法,在单件、小批量生产中加工较短锥面时,常采用小刀架转位法,此时小刀架在转盘上转动的角度值应为圆锥角度的一半,小刀架的转动方向取决于工件在车床上的加工位置。

1）小刀架转位法车圆锥体的特点

① 能车圆锥角度较大的工件。

② 能车出整个圆锥体和圆锥孔,操作简单。

③ 只能手动进给,不易保证表面质量。

④ 受小刀架行程限制,只能加工锥面不长的工件。

2）小刀架转位法车锥面具体加工方法

① 车端面和外圆,做好车锥面的准备工作。先按图纸要求加工出锥面最大直径,再划出锥面长度的加工界线。

② 调整转盘的角度。用扳手松开转盘上的两个锁紧螺母,逆时针或顺时针转动小刀架至对应度数,此度数为圆锥半角值。

③ 车锥面。车圆锥面和车圆柱体的方法大致相同,唯一的区别就是必须采用小刀架进给。转盘转动后,车刀刀杆不再垂直于工件轴线,应重新调整车刀,摆正对刀,对刀后不能再移动大刀架,而应该用小刀架退出车刀再进尺寸。由于圆锥大小端有直径之差,车削时应分几次完成,这与车外圆的方法一样。在使用小刀架进给时,用力要均匀,保持匀速走刀,以降低加工表面粗糙度。

④ 车锥面时要注意小刀架的走刀长度。由于小刀架的行程只有90mm,因此,每次车削后,应把小刀架退回,再准备下一次切削,否则小刀架的行程将限制加工圆锥的长度。

（4.3）车床钻孔

孔加工在机械零件切削加工中十分广泛。除在钻床、铣床上钻孔以外,在车床上结合尾座和锥柄钻夹头也可以实现钻孔操作,其应用非常普遍。在车床上可以用中心钻、麻花钻、扩孔钻、铰刀、车刀、镗刀等刀具进行孔加工,其中,轴类零件轴线上的孔常用麻花钻头在车床上钻出,也可用扩孔钻或机用铰刀进行扩孔和铰孔。

采用麻花钻钻孔时应注意以下事项:

① 钻孔时必须把端面车平,否则容易使钻头倾斜,影响孔同轴度。

② 将钻头引入工件端面时,不可用力过大,否则钻头容易断裂。

③ 钻小孔时,先用中心钻钻定位孔,再用麻花钻钻孔。

④ 钻深孔时,切屑不易排出,必须经常退出钻头,清除铁屑。

⑤ 钻盲孔时,为了控制深度,要经常测量,用尾座套筒上的刻度控制深度。

⑥ 钻通孔时,在即将钻通前要减小进给量,以防折断钻头,孔钻通后,要先退出钻头再停车。

（4.4）锥面和钻孔加工实例

以锥套零件加工为例,示范车床车锥面和钻孔基本过程,如图2-3所示零件,其加工步骤见表2-3。

在钻孔操作时,要根据加工孔的大小调整车床不同转速,钻削过程中注意以下几点。

① 调整转速时,必须停下机床进行操作,切记不能在运转过程中换挡。

② 使用不同钻头应有不同的主轴转速,钻头直径小于5mm时,主轴转速调整到 1000~700r/min;直径为5~10mm的钻头,主轴转速选择 750~500r/min;直径为 10~15mm 的钻头,主轴转速选择 600~400r/min。

③ 钻头刚度差、孔内散热和排屑较困难，钻孔时，进给速度和切削速度均不能太快，要经常退出钻头排屑冷却，钻钢件时要加切削液冷却，钻铸铁件时一般不加切削液。

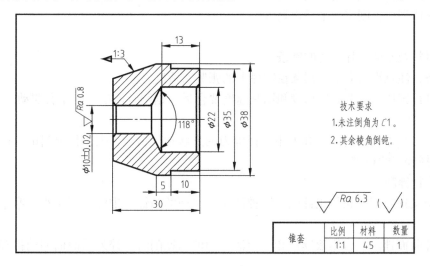

图2-3　锥套

表2-3　锥套的加工步骤

加工顺序	工序内容	刀具、量具、工具
1	选用 φ40mm×35mm 的毛坯，采用三爪卡盘进行装夹，留加工长度40mm，车右端面，车 φ38mm 外圆到尺寸，长度33mm，车 φ35mm 外圆到尺寸，长度10mm	外圆车刀、游标卡尺
2	用钻夹头夹持中心钻钻中心孔，用钻夹头夹持 φ9.8mm 钻头钻孔，深度33mm，分别用 φ18mm 和 φ22mm 锥柄钻头扩孔到尺寸，保证深度13mm，倒角 1×45°，棱角倒钝，切断工件，保证长度31mm	游标卡尺、钻夹头、A2中心钻、φ9.8mm 和 φ12mm 钻头、φ18mm 和 φ22mm 锥柄钻头
3	调头夹 φ35mm 外圆，车端面，保证总长30mm，用钻夹头夹持 φ10mm 铰刀铰孔，保证 φ10mm± 0.02mm	外圆车刀、游标卡尺、钻夹头、φ10mm 铰刀
4	运用小刀架转位法车 1:3 圆锥，保证圆锥小端尺寸 φ33mm，倒角 1×45°，其余棱角倒钝	外圆车刀、游标卡尺、

2.2　钳工

（1）钳工技能恢复与提升训练安排（0.5天）

序号		实 训 内 容	时间安排
1	钳工基础知识复习和基本技能恢复	① 复习钳工基本操作的动作要领（锯切、锉削等）与操作注意事项 ② 讲解相关要求（包括时间安排、考核、安全、卫生等）	20min
	钳工操作提升培训	① 讲解钻床的操作要领，钻头的选择，钻孔、扩孔及铰孔的具体操作方法，以及在几种不同材质、不同形状的工件上钻孔的装夹及找正方法 ② 讲解装配的基础知识、装配方法、容易出现的问题及处理办法	60min
	学生练习	学生练习划线、锉削、钻孔、铰孔、攻螺纹	150min
2	材料准备	Q235钢板82mm×42mm×4mm，45方钢14mm×14mm×12mm	
3	考核办法	实习纪律（包括操作表现）占20%，工件质量（分优、良、中、差4等）占80%	

（2）安全操作规程

① 用手锯锯割工件时，锯条应适当拉紧，以免锯条折断伤人。

② 使用手锤时，必须注意前后、左右、上下的环境情况，在手锤运动范围内严禁站人。

③ 清除锉、锯、钻等工作产生的切屑及铁渣时，要用刷子，不得用嘴吹铁屑，防止铁屑飞进眼睛，也不得用手去清除铁屑，以防伤手。

④ 使用钻床时，严禁戴手套，更不准多人操作，你争我抢。操作结束后，及时关闭开关切断电源。

⑤ 使用工具时，要轻拿轻放，严禁碰撞、摔打或损坏。

⑥ 发现工具已损坏或设备有故障时，要停止使用，及时报告指导老师修理或更换。

（3）恢复训练

（3.1）划线技术要领

① 分析图样，根据工件的性质和要求，准备划线工具和量具，确定划线基准。

② 清理工件表面氧化皮、毛刺及油污等。

③ 在待划线表面涂色、装填（用于确定孔的中心）。

④ 划线，若是立体划线，则需找平后再划线。

（3.2）锯割技术要领

① 根据工件的材料及厚度选择合适的锯条。

② 正确安装锯条，注意锯齿向前，锯条在锯弓上的张紧力适度。

③ 夹持工件，进行锯切。注意起锯角度和锯割速度要合适，锯割时锯条不能左右摆动。

（3.3）锉削技术要领

1）正确选用锉刀　根据工件的形状和大小选择锉刀的形状和规格，根据工件材料的软硬、加工余量、精度和表面粗糙度的要求选择锉刀的粗细。

2）装夹工件，进行锉削

① 锉削平面。交叉锉法用于粗加工锉削；顺锉法用于平面的精锉；推锉法用于小、窄平面的精锉或不能用顺锉法加工的场合。

② 锉削曲面。外曲面锉削通常用滚锉法和横锉法；内曲面锉削时，锉刀沿曲面向前推和左右移动的同时绕自身中心转动。

③ 锉削时不得用嘴吹锉屑，也不要用手清理锉屑，更不能用锉刀敲击工件。

（3.4）攻螺纹和套螺纹的技术要领

① 选择合适的钻头钻底孔，再用头锥攻螺纹，最后二锥或三锥。用头锥时，丝锥垂直放入孔内，均匀用力下压铰杠使其旋入1~2圈，当丝锥的切削部分已经切入工件后，就不用再加压力，只需平稳转动即可，每转一圈后，反转半圈或1/4圈，以便断屑和排屑，同时要注入或刷涂润滑油。

② 套螺纹时，板牙端面应与工件轴线垂直，均匀地稍加压力，套入3~4扣后，只需转动，不需施加压力，与攻螺纹相同，板牙架也需要反转，以便断屑和排屑，同时也需要加注油润滑。

（4）提升训练

（4.1）钻孔技术要领

在单件生产中钻孔，首先要划线、打样冲眼，然后再试钻一个约孔径1/4的浅坑来判断是否对中，若有偏差应纠正，当钻头与孔对中后方可钻进，钻孔时进给力不要太大，要经常退出钻头排屑，同时加注润滑液冷却，要钻通时，应减少进给量，避免钻穿的瞬间钻头发生抖动或卡钻。

（4.2）扩孔技术要领

先钻一小直径孔，再逐步增大钻头直径，直到加工达所需直径的孔。增大钻孔直径时，转速要降低，并同时使用冷却润滑液。

（4.3）铰孔技术要领

铰孔是用铰刀从工件上切除微量金属层，以提高孔的尺寸精度和减小其表面粗糙度，它是一种精加工，常作为直径不大、硬度不高的工件孔的精加工，也可作为磨孔或研孔前的预加工。

① 铰孔的切削余量一般为0.05~0.25mm。

② 铰孔速度较低，同时要使用冷却液。

③ 铰孔过程中，绝对不能反向旋转刀具。

（4.4）装配技术要领

1）装配前　熟悉产品（包括部件、组件）装配图样，确定装配的顺序、方法，准备所需要的装配工具，对装配的零配件进行启封、清洗、去除油污，检查零配件与装配有关的形状和尺寸精度是否合格，有无变形或损坏。

2）装配过程　依据产品（包括部件、组件）装配图样，按照确定的装配顺序、方法，使用所需要的装配工具进行细致的装配。

固定连接的零配件，不允许有间隙；活动的零配件，能在正常的间隙下，灵活均匀地按规定方向运动，不能有跳动；各种运动件的接触表面，应有足够的润滑；如果部分零件存在误差，必须进行修配。

3）调试、运行　调整是指调节零件或机构间结合的松紧程度，配合间隙和相互位置精度；运行是指产品装配后，按设计要求进行的运转试验。

调试、运行前，检查各密封部件，不得有渗漏现象，检查各零部件连接的可靠性和运动的灵活性，各操纵手柄是否灵活及是否在合适的位置，并从低速到高速逐步进行。

（4.5）铰孔实例

如图2-4所示的块零件，φ6mm孔需铰制，其加工步骤如表2-4所示。

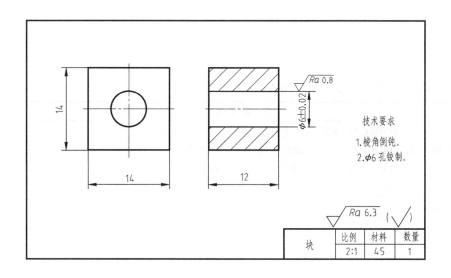

图2-4　块

表2-4　块的加工步骤

加工顺序	工序内容	刀具、量具、工具
1	锉削外形至尺寸	平锉、游标卡尺、虎钳
2	划线、钻孔至φ5.8mm	钢板尺、划针、样冲、手锤、虎钳、φ5.8mm钻头
3	铰孔至尺寸	φ6mm铰刀

（4.6）装配实例

如图2-5所示的连接板，需要在两块外形尺寸相同的钢板上的同一位置分别加工通孔和螺纹孔，然后用M6的螺钉进行装配，再检查装配质量，其外形轮廓和各孔的轴线均要重合，并保证各个螺钉均能顺利装配。其加工步骤如表2-5所示。.

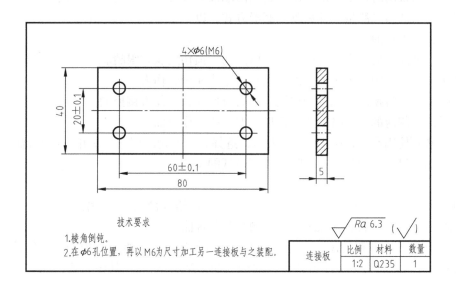

图2-5　连接板

表2-5　连接板的加工步骤

加工顺序	工序内容	刀具、量具、工具
1	锉削外形至尺寸	平锉、游标卡尺、平口钳
2	划线、钻孔至φ5.6mm(或φ6mm)，有螺纹的件需攻螺纹	钢板尺、划针、样冲、手锤、虎钳、φ5.6mm和φ6mm钻头、M6丝锥
3	装配，螺钉需逐次拧紧	螺丝刀

2.3 铣削加工

（1）铣削加工技能恢复与提升训练安排（0.5天）

序号	实训内容		时间安排
1	铣削基础知识复习	① 复习铣削加工概述,铣床类型、结构和基本操作 ② 讲解相关要求(包括时间安排、考核、安全、卫生等) ③ 讲解普铣和数控铣削的区别,加工的优缺点等 ④ 演示讲解工件装夹,铣削平面	40min
	铣削技能恢复训练	练习铣削六边形	80min
	技能提升训练内容讲解	示范拔丝器零件的加工过程	30min
	学生练习	学生练习拔丝器零件的加工(2～3人/组)	80min
2	材料准备	台阶轴、Q235钢板72mm×32mm×15mm	
3	考核办法	实习纪律(包括操作表现)占20%、工件质量(分优、良、中、差4等)占80%	

（2）安全操作规程

① 操作人员应穿合身工作服,袖口扎紧；女同学要戴防护帽；高速铣削时要戴防护镜；铣削铸铁件时应戴口罩；操作时严禁戴手套,以防将手卷入旋转刀具和工件之间。

② 操作前应检查铣床各部件及安全装置是否安全可靠,检查设备电气部分安全可靠程度是否良好。

③ 装卸工件时,应将工作台退到安全位置,使用扳手紧固工件时,施力方向应避开铣刀,以防扳手打滑时手撞向刀具或工夹具。

④ 装拆铣刀时,要用专用衬垫垫好,不要用手直接握住铣刀。

⑤ 铣削不规则的工件、安装平口钳或分度头或专用夹具夹持工件时,其重心应尽可能放在工作台的中间部位,避免工作台受力不匀,产生变形。

⑥ 在快速或自动进给铣削时,不准把工作台走到两端极限位置,以免挤坏丝杆或螺母。

⑦ 机床运转时,不得调整、测量工件和改变润滑方式,以防手触及刀具碰伤手指。

⑧ 在铣刀旋转未完全停止前,不能用手制动。

⑨ 铣削中不要用手清除切屑,也不要用嘴吹,以防切屑损伤皮肤和眼睛。

⑩ 在机动快速进给时,要脱开手轮离合器,以防手轮快速旋转伤人。

⑪ 工作台换向时,须先将换向手柄置于空挡,然后再换向,不能直接换向。

⑫ 铣削键槽轴类或切割薄的工件时,严防铣坏分度头或工作台面。

⑬ 铣削平面时,必须使用有4个刀头以上的刀盘,选择合适的切削用量,防止机床在铣削中产生振动。

⑭ 工作后,将工作台停在中间位置,升降台落到最低的位置上。

（3）恢复训练

① 掌握铣削加工的范围,铣削可以加工平面、台阶面、沟槽（键槽、T形槽、燕尾槽等）、分齿零件（齿轮、链轮、棘轮、花键轴等）、螺旋形表面（螺纹、螺旋槽）及各种曲面等。

② 最常用的铣床有卧式铣床和立式铣床两种类型,在铣削运动中,主运动为铣刀的旋转运动,进给运动为工作台的纵向、横向或升降运动,铣床工作台各手轮的刻度为每格0.05mm,其中立式铣床主轴还可以升降,其手轮刻度为每格0.1mm。

③ 铣刀可分为带孔铣刀和带柄铣刀两个大类。带孔铣刀有圆柱铣刀、三面刃铣刀、锯片铣刀、角度铣刀、成形铣齿轮铣刀等,多用于卧式铣床；带柄铣刀有端铣刀、立铣刀、键槽铣刀、T形槽铣刀、燕尾槽铣刀等,多用于立式铣床。

④ 铣床常用附件有分度头、万能铣头、平口钳、回转工作台等,其中分度头可进行各种分度,其传动机构采用传动比为1:40的蜗轮蜗杆传动,当分度头手柄转动1周时,其主轴即转动1/40周,当对工件进行分度时,分度手柄所需转的圈数n可由下列公式推得。

$$n \times \frac{1}{40} = \frac{1}{Z} \left(\text{即} \ n = \frac{40}{Z} \right) \tag{2-1}$$

式中　n——手柄转数；

　　　Z——工件的等分数。

例如，铣削Z=36齿轮，每一次分齿时，手柄转动为n=40/Z=40/36=10/9（圈），此时应选用具有孔数为54（孔数应为9的倍数）的分度盘，分度头手柄转一周，再在54的孔圈上转过6个孔距（n=10/9=60/54）。

在使用分度头时应注意，分度前，把锁紧分度头的手柄松开，完成分度后再锁紧，由于分度头的蜗杆和蜗轮间有一定的传动间隙，在分度时应始终保持手轮朝同一方向转动，若不慎将手柄摇过预定孔位，应把手轮手柄多退回半圈，消除间隙后，再转到正确的预定孔位，并使手柄定位销落入分度盘孔中，以可靠定位。

⑤ 在铣削过程中，要注意合理选择逆铣或顺铣，一般情况下，使切削刀具的旋转方向和工件进给方向相反，即采用逆铣。

⑥ 通过练习六边形铣削掌握铣床和分度头的基本操作。

如图2-6所示的六边形零件，是利用车削已加工出的台阶轴在铣床上分度加工完成的，以采用立式铣床为例，其加工步骤如表2-6所示。

在具体操作过程中，学生要能独立安装刀具，该六边形零件采用立铣刀加工，刀具要采用弹簧夹头安装于锥柄内，而锥柄要用拉杆锁紧在主轴端部的锥孔内。

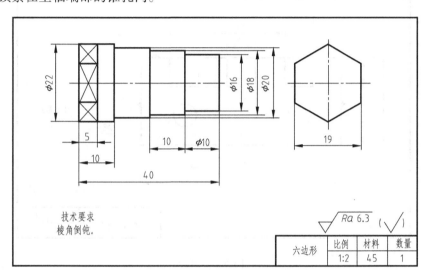

图2-6　六边形

表2-6　六边形的加工步骤

加工顺序	工序内容	刀具、量具、工具
1	用分度头三爪卡盘夹持φ18mm外圆，找正夹紧	游标卡尺、分度头
2	采用试切法，分别在φ22mm外圆和端面对刀，铣削深度5mm，铣削宽度1mm，转速235r/min，铣削出两平行的平面，检验尺寸是否为20mm	φ8mm立铣刀、游标卡尺、分度头
3	继续铣削该平行平面至尺寸19mm	φ8mm立铣刀、游标卡尺、分度头
4	分度头各转60°，依次铣削其余平行平面至尺寸、去毛刺	φ8mm立铣刀、游标卡尺、分度头

（4）提升训练

（4.1）平口钳的安装

在铣床工作台上安装平口钳时，要擦净钳体底座表面和工作台表面，并将钳体底座上的定位键放入工作台的T形槽中，并用T形螺栓锁紧。为了保证工件加工精度符合要求，平口钳应该校正，校正的方法有划针校正、直角尺校正和百分表校正。用百分表校正主要观察平口钳的固定钳口与铣床主轴轴线的垂直或平行度，其校正过程如下。

① 将装有磁力表座的百分表吸附于主轴表面。

② 将百分表测量头移动至固定钳口上，使量杆轻微压缩0.3~1mm。

③ 纵向移动工作台，观察并调整，使百分表指针跳动约0.3mm，锁住平口钳其中一个T形螺栓。

④ 通过轻微敲击平口钳，再继续调整钳口位置，使百分表指针跳动在0.01mm左右，再锁紧两个T形螺栓，此时，平口钳安装校正结束。

（4.2）平口钳装夹工件的要领

① 装夹毛坯时，应选择一个较平整的表面作为基准靠近平口钳的固定钳口，工件的被加工面必须高出钳口，否则就要用垫铁垫高工件。

② 要使工件紧贴在垫铁上，在夹紧的同时，用手锤轻击工件的上表面，然后用手挪动垫铁，以检查夹紧程度。

如有松动，说明工件与垫铁之间贴合不好，应该重新装夹。

③ 在夹紧时，光洁的平面要用铜棒进行敲击，以防止表面损伤。

④ 为了不使已加工表面被钳口损坏，夹紧工件时应在钳口处垫上铜片。

（4.3）铣削平面的一般方法

铣削平面的方法有3种：用端面铣刀铣平面、用圆柱铣刀铣平面和用立铣刀铣平面。其中用端铣刀铣削时，切削厚度变化小，进行切削的刀齿较多，切削比较平稳，而且端铣刀的柱面刃承受着主要的切削工作，端面刃起修光作用，所以加工表面质量好，目前，铣削平面多采用镶齿端铣刀在立式或卧式铣床上进行；对于工件上较小平面或台阶面，常用立铣刀加工；圆柱铣刀一般用于卧式铣床上铣平面。

（4.4）练习铣削平面

如图2-7所示，通过完成拔丝器零件的铣削加工，达到操作技能的提升。其加工步骤如表2-7所示，所用设备为X5032立式铣床。

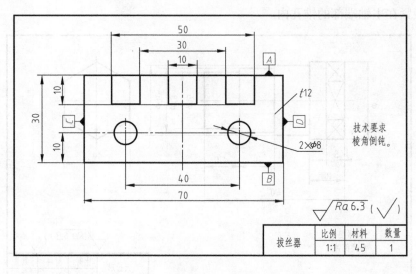

图2-7 拔丝器

表2-7 拔丝器铣削加工步骤

加工顺序	工序内容	刀具、量具、工具
1	选择较平A面（或者B面）为基准面，转速235r/min，铣削深度1mm	ϕ150mm端铣刀游标卡尺、平口钳、ϕ12mm×70mm圆钢、垫铁
2	以A面（或者B面）为基准靠紧固定钳口，加工前表面或后表面，转速235r/min，铣削深度1mm	ϕ150mm端铣刀游标卡尺、平口钳
3	分别加工A、B面尺寸到30mm；前、后面距离到12mm，转速235r/min，铣削深度1mm	ϕ150mm端铣刀、角度尺、游标卡尺、平口钳、ϕ12mm×70mm圆钢
4	加工C面和D面尺寸到68mm，转速235r/min，铣削深度1mm	ϕ150mm端铣刀、游标卡尺、平口钳
5	铣削各个槽至尺寸，每个槽分两次走刀，每次铣削深度不超过5mm，转速235r/min	ϕ10mm立铣刀、游标卡尺、平口钳
6	划出ϕ8mm两孔的中心距	高度尺、划线平板、游标卡尺、样冲、手锤
7	钻孔至尺寸，转速235r/min	ϕ8mm立铣刀、平口钳、游标卡尺
8	去毛刺、检验	游标卡尺、角度尺、平锉

2.4 焊接

（1）焊接技能恢复与提升训练安排（0.5天）

序号	实训内容		时间安排
1	手工电弧焊基础知识和基本技能 （集中讲解）	① 复习手工电弧焊加工的基本知识，讲解相关知识及注意事项（包括时间安排、考核、安全、卫生等） ② 演示讲解手工电弧焊的操作方法与操作流程	40min
	气焊基础知识和基本技能 （集中讲解）	讲解气焊基本知识、操作方法及安全注意事项，并进行具体示范操作	30min
	T形接头焊接	演示讲解T形接头焊接的操作方法及注意事项	20min

序号		实 训 内 容	时间安排
1	氩弧焊基本技能	演示讲解氩弧焊的操作方法及注意事项	20min
	学生练习	学生按照图纸分组轮流操作练习手工电弧焊	60min
		学生分组轮流操作气焊、氩弧焊	60min
2	材料准备	扁钢100mm×40mm×4mm	
3	考核办法	实习纪律(包括操作表现)占20%,工件质量(手工电弧焊、气焊作品成绩各50%)占80%	

（2）安全操作规程

① 不允许穿短裤、背心、裙子、拖鞋、凉鞋、高跟鞋进入车间。

② 操作时要穿好工作服,扣好工作服的袖口和领口,戴上手套,并拿好面罩。

③ 焊机打开后,焊钳不能放在工作台上,以免短路。装夹焊条时,要夹持到裸露的焊芯头部,否则不能引弧,引弧时应先提醒旁边同学戴好面罩,然后自己戴好面罩才能操作。

④ 气焊点火时焊嘴向上,操作中焊嘴不要对着人,回火先关氧气阀门,再关乙炔阀门。

⑤ 点好和焊好的焊件不能用手拿或移动,用工作台上的小榔头移动和翻转焊件,敲渣时要注意敲渣方向。

（3）恢复训练

焊接的方法很多,根据焊接特点不同,可分为熔化焊、压力焊、钎焊等,实训操作的手工电弧焊、氩弧焊和气焊都是熔化焊,应用较为广泛。

（3.1）手工电弧焊

① 焊接接头形式有对接接头、搭接接头、角接接头和T形接头4种。

② 手工电弧焊的工艺参数选择主要有焊条直径和焊接电流、焊接速度、焊弧弧长及焊接层数的选择。

③ 手工电弧焊的操作技术要领主要包括引弧、运条和熄弧3个部分。

（3.2）气焊

气焊的基本操作有点火、调节火焰、焊接和熄火等几个步骤。

点火时,先略微打开氧气阀门,然后再打开乙炔阀门,即可点燃火焰。点燃火焰后要逐渐开大氧气阀门,调节火焰为中性焰。

焊接时,一般用右手握焊炬,左手拿焊丝,焊嘴与焊缝间夹角的大小对工件加热的程度有影响,角度越大,热量就越集中,工件较厚或在焊接开始时,夹角应大些,一般保持在40°～50°,并应使火焰的焰心离熔池2～4mm,焊丝有节奏地点入熔池熔化,焊丝和焊炬均匀地自右向左移动的同时并做横向摆动,当焊接至焊缝端头时,焊嘴倾角应逐步减小到20°左右,如图2-8所示。

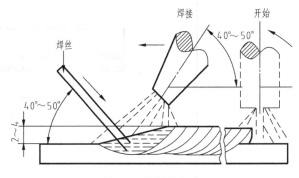

图2-8　焊炬的角度

工件焊接完成熄火时,应先关乙炔阀门,再关氧气阀门,以免发生回火,并能减少烟尘。

（3.3）平焊练习

如图2-9所示,通过练习平板对接达到手工电弧焊技能的恢复。

（4）提升训练

（4.1）T形接头焊接的技术要领

① 根据工件的厚度选择焊条的直径,调整焊接电流。

② 点焊固定工件时,先用直角尺测量两工件的夹角,分别对称点焊两工件之间连接处,再用直角尺核对工件的夹角是否准确。如有变形,则需校正。

③ 焊接过程中,焊条应保持与两工件之间夹角为45°左右,这是与恢复练习中操作的最大不同,其他操作要领基本相似。

（4.2）氩弧焊

氩弧焊是以氩气为保护气体的电弧焊,其焊接热量集中,工件变形小,焊缝致密,表面无熔渣,成形美观,焊接质量高,适合焊接所有钢材、有色金属及其合金。按照电极结构不同,氩弧焊分为非熔化电极氩弧焊和熔化电极氩弧焊两种。

1）钨极氩弧焊设备主要由氩气瓶、减压阀门、主焊机、焊炬等组成。

2）氩弧焊的技术要领。

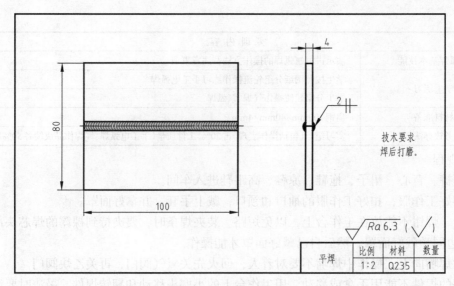

图 2-9　平板对焊

① 根据工件的厚度选择焊丝直径，调节电流大小。

② 引弧。按下焊炬上的开关，将焊条末端与工件接触，形成短路，然后迅速将焊条向上提起 2～4mm，使其与工件之间产生稳定的电弧。

③ 具体的焊接操作与气焊基本一致。

（4.3）T形接头焊接练习

如图 2-10 所示，通过练习焊接T形接头进一步提升操作技能。

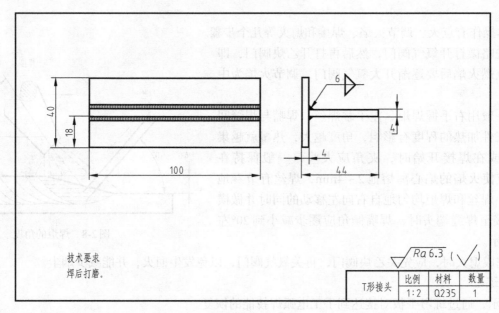

图 2-10　T形接头

2.5　数控车削加工

车削是金属切削加工的主要方法之一，随着现代加工技术的不断发展，数控车削正在替代原有的普通车削，逐渐成为车削加工中的主力军，数控车削主要用于复杂型面的回转体零件或中小批量零件的加工。

（1）数控车削加工技能恢复与提升训练安排（1天）

序号	实 训 内 容		时间安排
1	讲解	考勤，相关知识及注意事项（包括时间安排、考核、安全、卫生等）	15min
	演示讲解及 示范操作	① 演示讲解机床操作及加工 ② 学生熟悉机床操作面板和练习对刀操作	60min
	操作	学生按规定图纸及程序进行工件加工，练习机床操作	235min
	讲解	编程讲解（包括坐标系、指令、程序和加工工艺）	60min

序号	实 训 内 容		时间安排
1	编程及加工	学生完成指定工件的加工程序编写,完成工件的加工	60min
2	材料准备	φ40mm铝棒	
3	考核办法	实习纪律(包括操作表现)占20%,编程及工件质量(分优、良、中、差4等)占80%	

（2）安全操作规程

1）加工前准备

① 检查机床各部件是否处于正常位置、系统是否正常、安全罩是否安装完好、各处润滑油是否充分。

② 刀具安装要垫好、放正、夹牢。

③ 工件安装要装正、夹牢，工件安装或者拆卸后要及时取下卡盘扳手。

④ 检查程序是否已经输入系统中。

⑤ 确认对刀操作是否已经完成、刀补是否已经设定完毕。

⑥ 操作过程中，只能一人操作一台机床。

⑦ 所有同学必须穿着工作服，并扣好领口和袖口，长发盘入帽中。

2）加工中注意事项

① 不能打开保护舱门。

② 不能测量旋转的工件尺寸。

③ 不能用手触摸旋转的工件和卡盘。

④ 不能用手清除切屑，必须用专用工具或者毛刷。

⑤ 机床启动后，集中精力，认真观察，不得离开机床。

3）若加工中发生事故

① 立即停车。

② 保护现场并及时向指导老师汇报。

③ 分析原因，寻找解决办法，总结经验，避免再次发生。

4）加工结束后或下班时

① 关闭电源，擦拭机床，打扫场地。

② 加注润滑油。

③ 机床擦拭中，注意不要让铁屑、刀尖伤手，卡盘、溜板、刀架、尾座不应发生碰撞。

（3）恢复训练

（3.1）编写程序

1）编程坐标系　数控车削的编程坐标系根据笛卡儿坐标系采用ZX二维平面坐标，Z轴是指工件的轴向尺寸，X轴是指工件的径向尺寸，坐标原点O点，一般设定在工件的最前端，由于O点是设定在工件之上，所以编程坐标系也叫做工件坐标系。

刀具远离工件的方向为编程坐标系的正方向，Z轴向右为正，前置刀架X轴向下为正，后置刀架向上为正，X轴的坐标值为工件截面圆的半径值的两倍（也就是工件截面圆的直径值）。

2）起刀点与换刀点

① 起刀点　刀具加工工件的起点，其位置应根据该刀具所加工工件的大小及工件位置进行设定，要求设定在毛坯之外，靠近毛坯的地方。

② 换刀点　更换刀具的点，其位置应设定在机床上工件毛坯之外有一定的安全距离，保证刀具更换过程中不会与机床上其他部件发生碰撞。

3）基本指令　数控车削基本指令见表2-8。

表2-8　数控车削基本指令

序号	代码	含义	格式	说明
1	G00	快速移动	G00 X_ Z_;	在工件之外对刀具进行快速移动,X、Z为刀具运动轨迹的终点坐标值,两轴以各自独立的快速移动速度移动,短轴先到达终点,长轴独立移动剩下的距离,其合成轨迹不一定是直线
2	G01	直线插补	G01 X_ Z_ F_;	刀具在工件之上进行直线切削,X、Z为刀具运动轨迹的终点坐标值,F为进给量,例如F0.2表示工件每转一周,刀具进给0.2mm

序号	代码	含义	格式	说明
3	G02 G03	圆弧插补	G02/G03 X_ Z_ R_;	刀具在工件之上进行圆弧加工;G02加工的是顺时针圆弧,G03加工的是逆时针圆弧,X、Z为刀具运动轨迹的终点坐标值,R为该圆弧半径值;圆弧判断标准为后置刀架坐标系,且刀具从右向左加工工件
4	M03	主轴正转	M03 S_;	启动主轴正向转动
5	S	主轴功能	M03 S_;	设定主轴转速,单位为r/min,例如M03 S800,表示使主轴以每分钟800转的速度正转
6	T	刀具功能	T_;	T代码后给定四位数,分别表示刀具号和刀补号
7	F	进给功能	F_;	刀具的进给量,单位为mm/r或mm/min
8	M30	程序结束	M30;	程序结束,光标返回程序起始位置,主轴停止转动

4)编程实例　如图2-11所示,采用φ30mm铝棒为毛坯加工该零件,其精加工程序如表2-9所示。

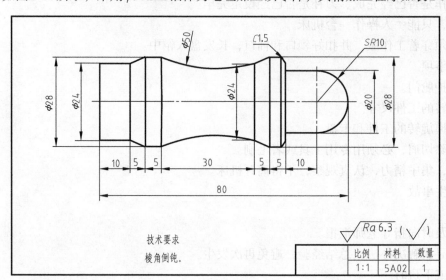

图2-11　数控车削零件实例(一)

表2-9　编程实例(一)

外圆车刀	01号刀	切刀	02号刀
车外圆进给量	0.15mm/r	切断进给量	0.1mm/r
主轴转速	800r/min		

程序内容	注释
%	程序开始
O0001;	程序号
G00 X50 Z100;	刀具快速移动到换刀点X50,Z100
N10 T0101;	选择1号刀及1号刀补
N20 M03 S800;	主轴正转,转速800r/min
N30 G00 X31 Z1;	刀具移动到起刀点X31,Z1
N40 G01 X0 Z0 F0.15;	
N50 G03 X20 Z-10 R10;	
N60 G01 Z-20;	
N70 X25;	
N80 X28 Z-21.5;	工件轨迹程序
N90 Z-25;	
N100 X20 Z-30;	
N110 G02 X28 Z-60 R50;	
N120 G01 Z-65;	
N130 X24 Z-70;	工件轨迹程序
N140 Z-83;	

程序内容	注释
N150 G00 X50 Z100;	刀具快速移动到换刀点 X50,Z100
N160 T0202;	选择2号刀及2号刀补
N170 G00 X32 Z-83;	刀具快速移动到点 X32,Z-83
N180 G01 X0 F0.1;	切刀切断工件
N190 G00 X50 Z100;	刀具快速移动到换刀点 X50,Z100
N200 M30;	程序结束、主轴停止转动且程序返回第一条程序段
%	程序结束

（3.2）机床操作

数控车床的操作主要以机床上数控系统的面板操作为主，现以广州数控GSK980TDb系统为例介绍面板的基本操作，如图2-12所示。

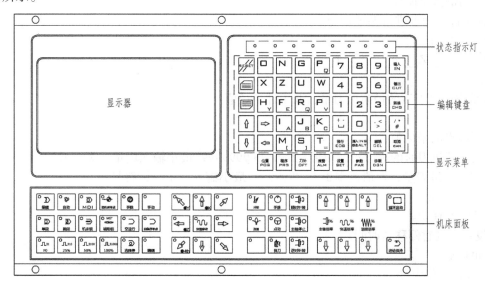

图2-12　广州数控GSK980TDb系统操作面板示意图

1）程序的输入

① 将系统切换到"编辑"状态，显示器切换到"程序内容"界面，通过"编辑键盘"输入程序号O××××（O为字母，××××可以是0~9999之间的任意数字），然后点击"换行"按钮。

② 建立好程序后，通过"编辑键盘"输入字母和数字，将程序内容逐一输入系统当中。

2）装夹工件　将工件安装到机床的三爪卡盘上，注意留出足够的加工余量。

3）运行程序

① 运行程序之前，要将机床安全门关上，实现全封闭式加工。

② 检查光标的位置，因为程序是从光标所在程序段开始运行的。

③ 将系统切换到"自动"状态，然后再点击"循环启动"按钮，开始运行程序。

④ 如果遇到紧急情况，点击整个面板左下角红色的"急停"按钮，紧急暂停机床，如果遇到系统自行报警的情况，说明程序中某些数据有问题，数控系统计算不出相应的加工轨迹，此时应通过显示屏查看提示信息，并通过"复位"按钮解除报警后，再根据提示信息修改程序。

4）程序调用　调用程序的操作过程和建立新程序的过程是完全一样的。

5）程序删除　将系统切换到"编辑"状态，显示器切换到"程序内容"界面，在"编辑键盘"上输入程序号O××××（××××为将要删除的程序号），然后点击"删除"按钮。

（4）提升训练

（4.1）程序编写

1）基本指令

① G71：外圆粗车循环。

该指令用于对工件进行粗加工参数的设置，其粗加工轨迹以精车轨迹计算。

书写格式：G71 U__ R__ F__ ;

G71 P__ Q__ U__ W__ ;

第一段G71中：

U——X轴方向上每次粗车的切削深度，取工件截面圆半径值；

R——每次粗车结束后，刀具在X轴方向上退出工件的距离，取工件截面圆半径值；

F——粗车时的进给量。

第二段G71中：

P——粗车开始程序段号；

Q——粗车结束程序段号；

U——X轴方向上的精车余量，取工件截面圆直径值；

W——Z轴方向上的精车余量。

② G70：外圆精车循环。

该指令用于对工件进行精车。

书写格式：G70 P__ Q__；

P——精车开始程序段号；

Q——精车结束程序段号；

③ G75：径向切槽多重循环。

该指令用于在工件径向上进行循环切槽。

书写格式：G75 R__；

　　　　　G75 X__ Z__ P__ Q__ F__；

第一段G75中：

R——每次X轴方向进刀后的径向退刀量，取工件半径值。

第二段G75中：

X，Z——切削终点的坐标值；

P——X轴方向连续进刀时的进刀量，取值范围$0 \leqslant P \leqslant 9999999 \times$最小输入增量，无符号；

Q——Z轴方向每次进刀量，取值范围$0 \leqslant P \leqslant 9999999 \times$最小输入增量，无符号；

F——切削时的进给量。

④ G04：刀具暂停移动。

该指令用于设置刀具暂停移送时间。

书写格式：G04 X__；

X——时间参数，单位为秒。

⑤ G92：螺纹切削循环。

该指令用于车削螺纹。

书写格式：G92 X__ Z__ F__；

X——螺纹小径值；

Z——螺纹长度；

F——螺距。

2）编程实例　如图2-13所示零件，采用数控车削加工，其加工程序编写如表2-10所示。

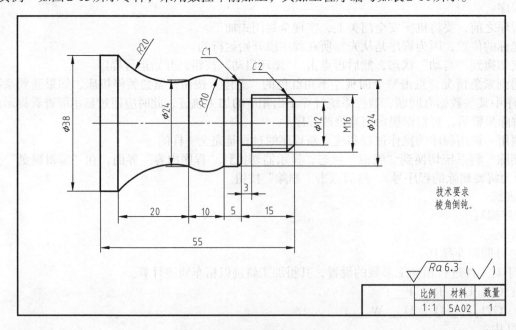

图2-13　数控车削零件实例（二）

表2-10 编程实例（二）

程序内容	注释
外圆车刀	01号刀	切刀	02号刀，刀宽3mm

外圆车刀	01号刀	切刀	02号刀，刀宽3mm
外螺纹刀	03号刀	粗车外圆进给量	0.3mm/r
精车外圆进给量	0.1mm/r	切槽及切断进给量	0.05mm/r
粗车主轴转速	500r/min	精车主轴转速	800r/min
车螺纹主轴转速	300r/min	X轴粗车进刀量	1mm
X轴精车余量	0.2mm	Z轴精车余量	0.1mm

程序内容	注释
%	程序开始
O0001；	程序号
G00 X50 Z100；	刀具快速移动到换刀点X50,Z100
N10 T0101；	选择1号刀及1号刀补
N20 M03 S500；	主轴正转，转速500r/min
N30 G00 X41 Z1；	刀具移动到起刀点X41,Z1
N40 G71 U1 R0.5 F0.3；	设定粗加工参数，每次进刀1mm，退刀0.5mm，进给量0.3mm/r
N50 G71 P60 Q160 U0.2 W0.1；	设定粗加工轨迹N60到N160，精加工余量X轴0.2mm，Z轴0.1mm
N60 G01 X0 Z0 F0.1；	
N70 X12；	
N80 X15.8 Z-2；	
N90 Z-15；	
N100 X22；	
N110 X24 Z-16；	工件轨迹程序，注意车削螺纹时，螺纹大径应比实际尺寸小（其螺距的1/10）
N120 Z-20；	
N130 G03 Z-30 R10；	
N140 G02 X38 Z-50 R20；	
N150 G01 Z-58；	
N160 X40.5；	
N170 S800；	设定转速为800r/min
N180 G04 X2；	刀具暂停移动2s
N190 G70 P60 Q160；	精车工件
N200 G00 X50 Z100；	刀具快速移动到换刀点X50,Z100
N210 T0202；	选择2号刀及2号刀补
N220 G00 X25 Z-15；	刀具快速移动到点X25,Z-15
N230 G75 R0.2；	设定切槽时刀具退刀量0.2mm
N240 G75 X12 P500 F0.05；	切退刀槽到X12,Z-15处，X轴每次切削0.5mm，进给量0.05mm/r
N250 G00 X50 Z100；	刀具快速移动到换刀点X50,Z100
N260 T0303；	选择3号刀及3号刀补
N270 S300；	设定转速为300r/min
N280 G04 X2；	刀具暂停移动2s
N290 G00 X17 Z3；	刀具快速移动到点X17,Z3
N300 G92 X15 Z-13.5 F2；	
N310 X14.4；	
N320 X14；	
N330 X13.8；	切削螺纹，螺距2mm
N340 X13.797；	
N350 X13.797；	
N360 G00 X50 Z100；	刀具快速移动到换刀点X50,Z100
N370 T0202；	选择2号刀及2号刀补
N380 S800；	设定转速为800r/min
N390 G04 X2；	刀具暂停移动2s
N400 G00 X41 Z-58；	刀具快速移动到点X41,Z-58
N410 G75 R0.2；	设定切断时刀具退刀量0.2mm
N420 G75 X0 P500 F0.05；	切断工件，X轴每次切削0.5mm，进给量0.05mm/r
N430 G00 X50 Z100；	刀具快速移动到换刀点X50,Z100
N440 M30；	程序结束、主轴停止转动且程序返回第一条程序段
%	程序结束

（4.2）机床操作

1）开机　打开机床电源开关。

2）开系统　点击"系统开"按钮。

3）回零　回零的目的，初始化坐标系，点击机床面板上的"回机床零点"按钮，先移动 X 轴，再移动 Z 轴，等状态指示灯上 X 和 Z 的小灯亮，回零结束。

4）对刀　在 MDI 状态下，设定机床进给量单位为 G99（每转进给），再设定机床转速为 500r/min，然后选择一把刀按照以下步骤对刀。

① 手脉/手动状态下，启动主轴转动。

② 将刀具快速移动到工件附近。

③ 刀具靠近工件后，慢速移动刀具，先用刀具将工件端面削平，然后将刀具沿 X 轴方向退出，停止主轴转动，将显示器切换到刀补界面，将光标移动到该刀号所对应的刀补号位置，在键盘上输入"Z0"，点击"输入"按钮，这时该刀 Z 轴方向刀补设定完毕。

④ 启动主轴转动，用车刀车削工件外圆面 1~3mm，再沿 Z 轴方向退出车刀，停止主轴转动，用游标卡尺测量已加工表面直径（假设测量出来的工件直径为 20.02mm），然后将显示器切换到刀补界面，将光标移动到该刀号对应的刀补号上，在键盘上输入"X20.02"，点击"输入"按钮，这时该刀 X 轴方向刀补设定完毕。

采用以上相同方式完成其他刀具的对刀，只是在设定 Z 轴刀补时，不用再切削端面，只需将刀尖与端面轻微划擦即可。

螺纹刀的对刀应注意，由于其刀尖无法直接切削工件端面，所以在对螺纹刀 Z 轴方向时，只需将工件处于静止状态，螺纹刀刀尖移动到工件端面附近，然后用眼睛观察，只需要螺纹刀刀尖与工件端面对齐就可以了。另外，螺纹刀在 X 轴方向上的对刀与其他刀具相同。

2.6　数控铣削加工

（1）数控铣削加工技能恢复与提升训练安排（1天）

序号	实 训 内 容		时间安排
1	数铣基本知识和编程软件基本知识复习（集中讲解）	① 复习数铣加工的整个流程、原理和编程软件的界面和操作流程 ② 讲解相关信息（包括时间安排、考核、安全、卫生等）	20min
	编程软件提升培训（集中讲解）	二维图形刀具路径的培训	40min
	学生练习	二维图形刀具路径的编程	150min
	机床基本操作复习（分组讲解）	演示讲解机床的基本操作（包括开机、回参考点、对刀、调用程序加工等）	30min
	机床操作提升培训（分组讲解）	提升培训换刀、工件装夹和从U盘调用程序等	30min
	学生练习	① 学生练习操作机床(2~3人/台，轮流操作) ② 完成作品的加工（轮流独立操作）	160min
2	材料及准备	亚克力180mm×140mm×4 mm	
3	考核办法	实习纪律(包括操作表现)占20%，编程及工件质量(分优、良、中、差4等)占80%	

（2）安全操作规程

① 未经允许，禁止动用机床设备。

② 不能两人或多人同时操作一台机床。

③ 新编程序必须先校验，正确后，才能运行。

④ 加工过程中应专心看护机床，不得随意离开。

⑤ 加工过程中不能用手接触刀具和工件，不能直接用手清理切屑。

（3）恢复训练

（3.1）数控铣削加工基本流程

利用数控铣床加工零件的基本流程如图2-14所示，主要内容如下。

① 根据零件加工图样进行工艺分析，确定工艺方案和参数。

② 采用规定代码格式编写零件加工程序，或采用软件自动编程（如 MasterCAM 软件）。

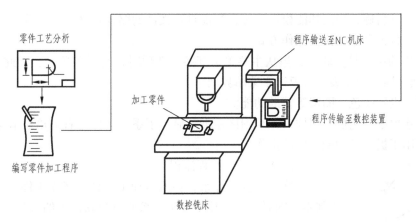

图 2-14　数控铣削加工基本流程

③ 程序的输入或传输。可以通过数控机床的操作面板输入加工程序，也可以通过 USB 接口将程序文件直接复制到数控系统。

④ 装夹工件、准备刀具、设置工件坐标系、运行程序，完成零件的加工。

（3.2）数控铣削加工编程

数控编程是数控加工的重要步骤，数控编程就是用数控机床规定的指令代码及程序格式，将刀具的运动轨迹、位移量、切削参数（主轴转速、进给量、吃刀深度等）以及辅助功能（换刀、主轴正转/反转、切削液开/关）编写成加工程序单。

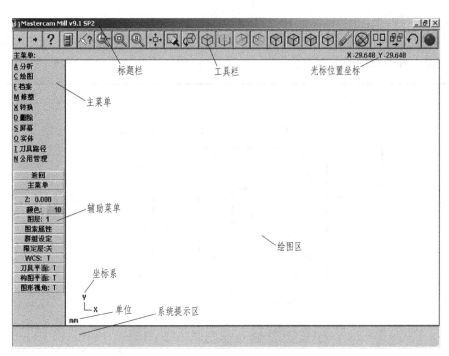

图 2-15　MasterCAM9 Mill 模块启动界面

数控编程一般分为手工编程和自动编程两种，对于加工形状简单、计算量小、程序不多的零件，采用手工编程较容易，而且经济、及时，因此，在点位加工或由直线与圆弧组成的轮廓加工中，手工编程仍广泛应用。

对于形状复杂的零件，特别是具有非圆曲线及曲面组成的零件，用手工编程就很困难，必须用自动编程的方法编制程序，自动编程是利用计算机专用软件编制数控加工程序的过程，编程人员只需根据零件图样的要求，使用 CAD/CAM 一体化软件（如 Creo、UG、MasterCAM 等软件）由计算机自动生成零件加工程序文件。

MasterCAM 软件是美国研制开发的集计算机辅助设计（CAD）和计算机辅助制造（CAM）于一体的软件系统，它是世界装机量较多的 CNC 自动编程软件，它分为 CAD 和 CAM 两部分：采用 CAD 模块进行图形设计，然后在 CAM 模块中编制刀具路径，最后通过后处理将刀具路径转换成数控加工程序。

1）MasterCAM 软件介绍　MasterCAM 包括 Design（设计）、Mill（铣床）、Lathe（车床）、Wire（线切割）4 个功能模块，铣削加工采用 Mill 模块，启动后其工作界面如图 2-15 所示，主要包括标题栏、工具栏、主菜单、辅助菜单、绘图、坐标系、光标位置坐标、系统提示区等部分。

① 标题栏，显示软件名称，当前功能模块名称，当前打开文件的路径及文件名称等。

② 工具栏，提供了各种命令的快捷操作方式。

③ 主菜单，主菜单的指令是关联的，当从主菜单选其某一选项时，其子菜单就会在此菜单的基础上显示，使用"回上层功能表"及"回主功能表"可返回主菜单界面。

④ 辅助菜单，用于设置颜色、图层等辅助功能。

⑤ 绘图区，用于建模或绘制加工图样，在绘图区左下角显示了系统坐标，右上角显示光标当前的坐标值。

⑥ 系统提示区，用于提示各功能对应的操作。

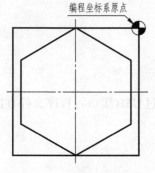
图2-16 编程原点选择

2）MasterCAM编程流程

① 确定编程坐标系，在所需加工零件上建立工件坐标系，在MasterCAM中绘制零件图时，必须让工件坐标系原点与软件中的编程原点重合，并且在机床操作对刀时，还应与对刀点重合，如图2-16所示的图形，为了方便对刀，将工件坐标系原点设置在零件矩形边界的右上方角点上，绘图时，该角点应该与软件原点对齐。

② 绘制零件图，在MasterCAM中绘制零件的二维图形或三维模型，也可以将其他软件绘制的图形导入该软件。

③ 生成刀具路径，基于零件图，根据拟定的加工工艺，设置加工参数，生成零件的加工刀具路径。

④ 生成程序代码，通过对刀具路径进行实体加工模拟，当路径无误后，通过后处理将刀具路径转化为程序代码。

（4）提升训练

（4.1）数控铣削编程实例

为满足综合实训数控铣削加工需求，设计了如图2-17所示零件，学生通过对本实例的编程练习，掌握MasterCAM软件中钻孔、挖槽、外形铣削的编程方法。

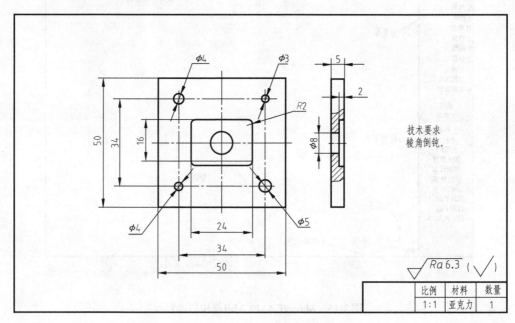
图2-17 数控铣削编程实例

1）工艺分析 加工该零件可直接选用厚度为5mm的亚克力材料，为了方便装夹，其长宽尺寸不得低于70mm×70mm，若选用铝材加工该零件，其凹槽结构应采用"Z轴分层铣削"。

该零件有φ3mm、φ4mm和φ5mm 3种不同尺寸的通孔，若采用φ3mm圆柱立铣刀一次性加工出，则φ4mm和φ5mm通孔需要采用"挖槽"或"外形铣削"的方式加工完成，但由于φ3mm铣刀直径较小，在"挖槽"过程中容易断刀，且效率较低，因此，φ3mm通孔可用φ3mm铣刀直接钻出，其余孔采用φ4mm铣刀，可较好保证刀具强度。

铣削该零件可遵循"先内后外""先小后大"的加工原则，其具体工艺流程如下。

① 用φ3mm铣刀将φ3mm通孔钻出，为保证钻穿，钻孔深度为6mm。

② 用φ4mm铣刀将φ4mm通孔钻出，为保证钻穿，钻孔深度为6mm。

③ 用φ4mm铣刀，采用"外形铣削"的方法将φ5mm和φ8mm通孔加工出，铣削深度为6mm。

④ 用φ4mm铣刀，采用"挖槽"的方法加工矩形凹槽，铣削深度为2mm。

⑤ 用 ϕ4mm 铣刀，采用"外形铣削"的方法加工出矩形外轮廓，铣削深度为6mm。

2）编程步骤

① 标记软件坐标原点 为了后续操作方便，可先将软件坐标原点标记出，具体操作过程为采用"绘图"→"点"→"指定位置"→"原点"命令，如图2-18所示。标记的软件坐标系原点将以"+"符号在绘图区域显示。

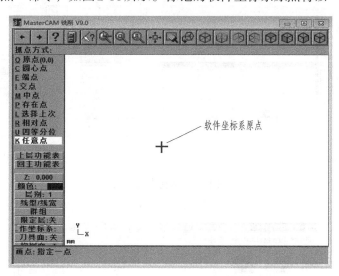

图2-18 软件坐标原点

② 绘制图形 绘制零件图的方法有两种：一种是用MasterCAM软件直接绘制；另一种方法最常用，是用其他软件（如AutoCAD）绘制，然后导入MasterCAM软件。下面介绍导入AutoCAD图形的方法，如图2-19所示。

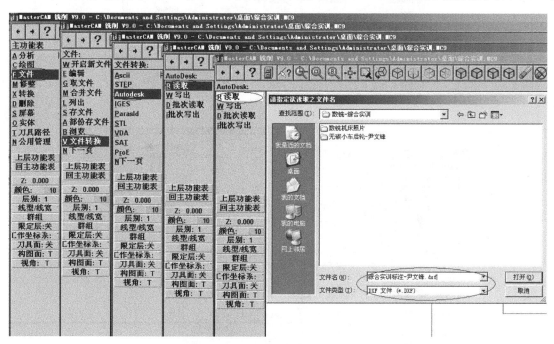

图2-19 导入图形的方法

首先在AutoCAD中完成零件图形的绘制并存储为dxf格式文件，在MasterCAM软件中采用"文件"→"文件转换"→"Autodesk"→"读取"命令，选中已保存的dxf文件，实现图形的导入，如图2-19所示。

③ 确定工件坐标系原点 如图2-17所示，为零件加工时对刀方便，可将工件坐标系原点设置在零件最大外轮廓的右上角，此时应该平移导入的图形，使其右上角与已经标记的软件原点重合，可通过"转换"→"平移"命令实现该操作。

④ 生成刀具路径 如图2-20所示，根据已拟定的工艺，采用"刀具路径"→"钻孔"→"选择钻孔点"命令设置钻孔参数，在参数设置对话框中选3mm平刀，设置进给率为100，钻孔深度为-6mm，选择"Peck drill"钻孔方式。

如图2-21所示，采用"刀具路径"→"挖槽"→"选择挖槽区域"命令设置挖槽参数，在参数设置对话框中选4mm平刀，设置"进给率"为"500.0"，"Z轴进给率"为"100.0"，"提刀速率"为"1000"，挖槽深度为-2mm，分层铣削最大切削深度为1mm。

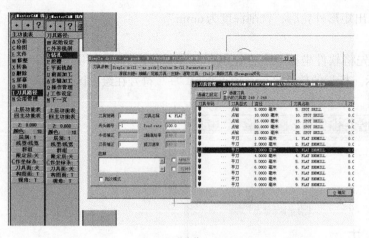
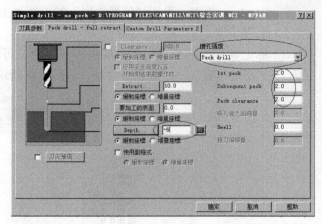

(a) 刀具参数   (b) 钻孔深度

图2-20　钻孔参数设置

(a) 刀具参数

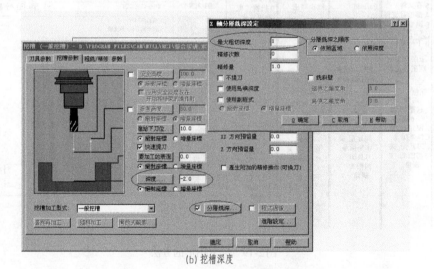

(b) 挖槽深度

图2-21　挖槽参数设置

如图2-22所示，采用"刀具路径"→"外形铣削"→"选择直径大于4mm的内孔"命令设置外形铣削参数，在参数设置对话框中选4mm平刀，设置"进给率"为"500.0"，"Z轴进给率"为"100.0"，"提刀速率"为"1000.0"，外形铣削深度为−6mm，分层铣削最大切削深度为1mm，调整左右补偿使刀具路径位于孔内。

如图2-23所示，采用"刀具路径"→"外形铣削"→"选择外部矩形轮廓"命令设置外形铣削参数，在参数设置对话框中选4mm平刀，设置"进给率"为"500.0"，"Z轴进给率"为"100.0"，"提刀速率"为"1000.0"，外形铣削深度为−6mm，分层铣削深度为1mm，调整补偿使刀具路径位于矩形外部。

⑤ 生成加工代码　在生成代码前，可采用"刀具路径"→"操作管理"→"实体验证"命令对选中的刀具路径进行加工模拟，以检查工艺是否正确，如图2-24和图2-25所示，验证无误后，采用"后处理"命令将刀具路径转换为程序代码，如图2-26所示，勾选"储存NC档"和"编辑"复选框，即可将代码保存为NC格式的文件。

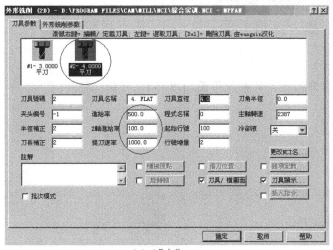

(a) 刀具参数

(b) 内孔外形铣削参数

图 2-22　内孔外形铣参数设置

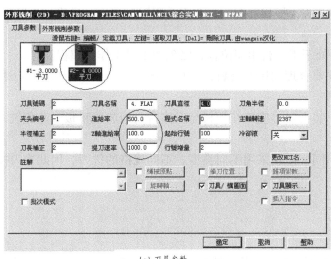

(a) 刀具参数

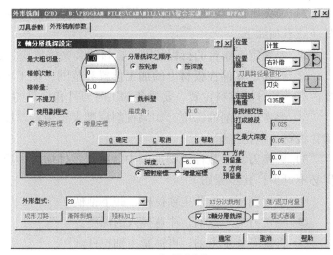

(b) 外形铣削参数

图 2-23　外形铣参数设置

图 2-24　操作管理

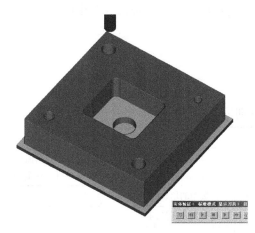

图 2-25　实体验证

图 2-26　后处理

　　后处理产生的 NC 文件还需要进行一定的编辑，其中文件名称必须以大写字母 "O" 开头进行命名，否则部分数控系统可能无法识别该程序文件，此外，还应该修改部分程序段，如图 2-27 所示，当程序处理完成后，即可传输至机床加工。

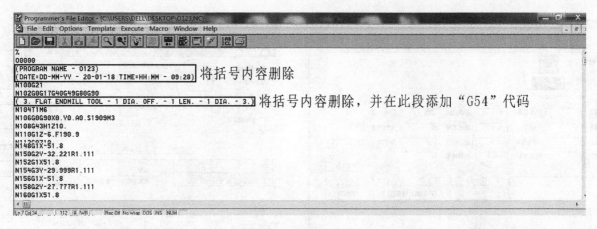

图 2-27　编辑程序段

（4.2）数控铣床操作流程

1）开机　机床开机要依次经过接通电源、启动数控系统和回参考点 3 个步骤，当数控系统启动后，需解除机床的急停，才能回参考点操作，回参考点时，要先将 Z 轴返回参考点，再将 X 轴和 Y 轴返回，回参考点结束后，机床坐标系就建立了。

2）装夹工件　这里重点介绍板材在数控铣床上的装夹方法，板材装夹时，需要采用压板螺栓、垫片、垫板等，其注意事项如下。

① 要确定工作台的行程范围，板材的装夹位置应尽量处于工作台中间位置，以免加工时工作台超程。

② 要确定零件在板材上的加工位置和范围，加工零件要合理利用原材料，避免浪费，同时要考虑装夹时压板要占有一部分原材料位置，要避免加工时刀具和夹具的干涉。

③ 要考虑铣削的深度，如果铣削深度大于板料厚度，装夹时，应该在板材与工作台之间放置垫板，避免铣刀铣穿板材，损伤工作台。

3）更换刀具　数控铣削加工中，由于零件加工内容不同，需要采用不同类型、不同规格的铣刀，因此换刀操作必不可少，其步骤如下。

① 手握刹车，松开主轴拉杆，卸下锥柄。

② 将铣刀插入锥柄，注意插入的深度。

③ 将锥安装于主轴，再锁紧主轴拉杆。

4）对刀　对刀的目的是将工件坐标系的原点输入数控系统，在工件装夹结束后，通过"手动"模式移动工作台使刀具与预先确定的工件坐标系原点重合，此时再将该点对应的机床坐标系坐标值记录于系统（G54 工件坐标系）。

5）调用程序加工　通过数控系统面板上的菜单按钮，从电子盘或 U 盘中找到程序，然后打开，经程序校验无误后，按循环启动，运行程序，开始加工零件。

6）关机　加工结束后，先用手轮移动工作台，将其停在中间位置，然后按下"急停"按钮，再关闭数控系统和电源。

2.7　特种加工

（1）特种加工技能恢复与提升训练安排（1天）

序号		实训内容	时间安排
1	基本知识的恢复(集中讲解)	① 复习线切割、激光切割和 3D 打印的整个流程、原理和编程软件的界面和操作流程 ② 讲解相关要求(包括时间安排、考核、安全、卫生等)	20min
	编程软件的提升培训(集中讲解)	矢量图的培训	40min
	学生练习	线切割绘图练习	150min
	机床操作的恢复(分组讲解)	演示讲解机床的基本操作(开机、对丝、激光加工参数调整等)	30min
	机床操作的提升培训(分组讲解)	线切割穿丝、激光不同厚度材料切割和 3D 打印工艺等	30min
	学生练习	① 学生练习操作线切割机床、激光雕刻机和 3D 打印机(分组轮流操作) ② 完成作品或操作(2~3 个同学一组，要求每位同学必须完成激光作品 1 个、穿丝 1 次)	160min
2	材料准备	亚克力 500mm×500mm×3mm、500mm×500mm×8mm，ABS 丝材，2mm 厚 304 不锈钢	
3	考核办法	实习纪律(包括操作表现)占 20%，工件质量(分优、良、中、差 4 等)占 80%	

（2）安全操作规程

① 每个同学均自觉维护车间及机房的卫生，不能随地乱扔垃圾。

② 在机床使用完毕后，使用机床的同学必须将剩余的材料和工具放回指定位置，并将自己所使用的机床内外打扫干净。

③ 在指定的机床和计算机上进行实习，未经允许，其他机床设备、工具或电器开关等均不得随意开动，加工过程中，操作者不得擅自离开机床，若发生不正常现象或事故，应立即终止程序运行，切断电源并及时报告指导老师，不得进行其他操作。

④ 练习线切割机床穿丝时，一定要特别小心，注意不要站在丝筒正面，以防丝断飞出丝筒伤到脸部和眼睛。

⑤ 一定要在机床关闭的情况下装夹工件，不得在丝筒运转时装夹工件，防止高速运行的钼丝伤及手。

（3）线切割加工恢复训练

（3.1）熟练掌握线切割软件CAXA绘图并生成代码的基本操作

CAXA界面如图2-28所示。

1）常用工具栏　如图2-28所示的常用工具栏，该软件各种常用命令以图标方式显示，每点选一个图标，相应的快捷工具栏下方显示对应的菜单选项，图示给出了最常用的基本曲线、高级曲线、曲线编辑、轨迹操作和代码生成的菜单选项。

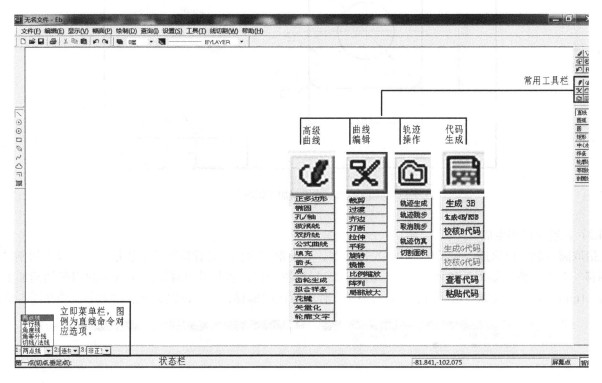

图2-28　CAXA界面

2）立即菜单栏　立即菜单栏位于绘图区的左下角，如图2-28所示，它描述了正在被执行的命令的各种情况和使用条件，并可根据当前的作图要求，正确选择或修改各项参数。

3）状态栏　状态栏位于屏幕的底部，它包括当前点坐标的显示、操作信息提示、工具菜单状态提示、点捕捉状态提示和命令与数据输入。

进行图形绘制时，在状态栏中将提示用户下一步该进行什么操作，一般应先设置立即菜单的内容和屏幕点的捕捉方式（一般设置为智能），再根据提示进行操作。

（3.2）用CAXA绘图生成加工代码的基本步骤

用CAXA线切割编程的一般步骤是：绘图→轨迹生成→轨迹仿真→生成3B代码→传送3B代码。

1）绘图　选用常用工具栏的"曲线"工具和"曲线编辑"工具绘制加工图形，如五角星图形需要采用"高级曲线"菜单里的"正多边形"命令绘制。

2）轨迹生成　通过"轨迹操作"菜单里的"轨迹生成"命令，拾取已绘制的图形轮廓，生成切割的轨迹，在操作过程中，状态栏会提示选择切割的方向，输入穿丝点和退出点位置，只需要按提示用鼠标指针选择即可。

3）轨迹仿真　通过"轨迹操作"菜单里的"轨迹仿真"命令，拾取生成的轨迹后可在线仿真，方便用户检查生成的轨迹是否符合工艺要求。

4）生成3B代码　通过单击"代码生成"菜单里的"生成3B"代码命令会弹出一个文件保存对话框，此时要先拟定代码文件名称和要保存文件位置，再选择已生成的加工轨迹，即完成了生成3B代码和保存的操作，3B代码文件是一个记事本文件，可用U盘或网线直接传送到线切割机床用于加工。

（3.3）线切割机床基本操作步骤

线切割机床基本操作步骤是：开机→装夹并校正工件→穿丝、紧丝→校正电极丝垂直度→将程序输入机床系统→对刀确定加工起点→启动机床加工，根据加工要求调整加工参数→加工完毕，卸下工件检测→清洁整理机床。

（4）线切割加工提升训练

如图2-29所示的零件，其内外轮廓要分两次切割，故要独立生成内外轮廓的加工轨迹和代码，其基本操作步骤如下。

（4.1）绘制图形

在CAXA软件中按尺寸绘制图2-29所示图形轮廓，值得注意的是，为了顺利生成轨迹，所绘制图形轮廓一定要封闭，不得有重线。

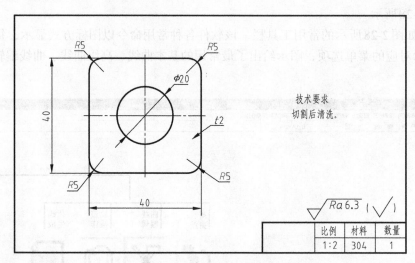

图2-29　线切割加工练习件

（4.2）轨迹和代码生成

先拾取圆轮廓生成轨迹，为了保证加工尺寸精度，应根据钼丝直径设置轨迹的偏移量，使钼丝在切割时按原有轮廓偏移一个半径值，如图2-30所示，偏移次数通常只设置一次，若是采用直径为0.2mm的钼丝切割加工，其偏移量为0.1mm，对于内轮廓应选择图示向右的箭头，使轮廓向内偏移，然后设置穿丝点和退出点均在圆心位置。

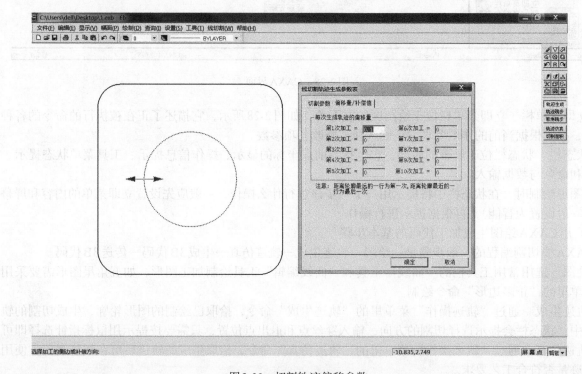

图2-30　切割轨迹偏移参数

在生成外轮廓轨迹时，偏移量与内轮廓相同，但偏移方向应向轮廓外偏移，否则加工出的零件尺寸将变小，值得注意的是，穿丝点和退出点位置设置在轮廓外。

单击轨迹操作菜单下的轨迹跳步命令，将内外轮廓的两个轨迹合成为一个轨迹，以实现一次加工出该零件，并保证内外轮廓的位置精度。轨迹生成后，可进行轨迹仿真，再生成3B代码即可。

（4.3）切割加工

加工前先用穿孔机或钻头在原材的加工位置加工一小孔，然后将工件装夹于机床工作台，将绕丝筒一端的钼丝取下穿过该小孔后，再将钼丝装回滚筒，并确保钼丝是否压在导轮上，最后利用机床的对中功能让钼丝寻找到原材料小孔的圆心位置，即可调用程序进行加工，当工件内轮廓切割结束，机床会自动暂停，此时将钼丝一端取下，继续单击系统切割按钮，使机床空运行至外轮廓穿丝点位置时暂停，此时再将钼丝装回绕丝筒，再继续切割至加工结束，值得注意的是，外轮廓的穿丝点位置应该设置在原材料边界外1~2mm处，否则将影响第二次切割，因此，内轮廓加工前应确定好穿丝孔与原材料边界的距离。

（4.4）钼丝的安装和张紧

除要掌握基本的线切割加工工艺外，还应该掌握一定的机床维护措施，其中钼丝的安装和张紧是线切割加工中的一个常态化工作。在安装钼丝时，应先将绕丝筒上残余的钼丝清除，擦净丝筒表面油污，并调整绕丝筒轴向移动至右端极限位置，然后将钼丝盘挂于丝轮，钼丝一端沿导线轮固定在丝筒左端固定螺钉上，再手动顺时针转动丝筒，使钼丝在丝筒上缠绕4~5圈，然后开启丝筒运行开关，丝筒转动并整体向左轴向移动，钼丝将均匀缠绕在丝筒上，根据所需的安装丝的多少（通常钼丝应绕满丝筒的3/4），停止丝筒的转动，接着将钼丝另一端沿上后导线轮、导电块、上前导线轮、下导线轮绕至丝筒右端并用螺钉固定，最后分别调整丝筒左右限位块位置，使其间距减小，避免丝筒运行超程造成钼丝断裂。

钼丝安装完成后还应张紧，此时启动丝筒，将丝筒运行至左端换向位置时停下丝筒，然后右手握紧丝轮拉住丝筒上的钼丝，开启运行开关，丝筒又往右移动。紧丝过程中，手适当使用均匀力度张紧，消除松动间隙，在接近丝筒右端时，关闭丝筒运行开关，重新固定钼丝即可。

（5）激光雕刻

采用CO_2激光器的雕刻机是一种常见的激光加工机器，其功率一般在90W左右，输出的激光波长为10.6μm，功率较大且有较高的能量转换率，对非金属材料有较好的切割性能，但不能加工金属材料，该激光器产生的激光对空气的穿透率较高，故光线能在空气中直线传播，图2-31所示为CO_2激光雕刻机光路图，其Y轴反射镜和X轴反射镜均安装在一个可移动横梁上，横梁在步进电机的带动下可以实现Y轴的运动，X轴反射镜和聚焦镜同在激光头上，激光头可以在横梁上做X轴的运动，这样便可以实现二维工件的加工。

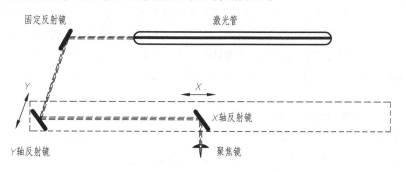

图2-31　CO_2激光雕刻机光路图

工业中也有其他类型的激光器，例如光纤激光器，可以发出可见光波长的激光，所以金属激光切割机和打标机通常选用光纤激光器。

（5.1）激光雕刻软件基本操作

LaserWork是一款常用的激光雕刻软件，通过该软件可实现对加工图形的处理、激光参数的设置，其操作界面如图2-32所示。

其中通过绘图和编辑工具可实现简单图形的绘制，图层工具栏用于设定不同线条的激光切割功率和速度，颜色工具栏实际为图层选项，可将绘制的图形赋予不同的颜色，不同的颜色即代表不同的图层，就可以设置不同的切割参数。

LaserWork基本操作过程如下。

1）导入图形　对于复杂图形，可用AutoCAD软件或CAXA线切割编程软件进行绘制，并将其另存为Auto-Cad 2000.dxf格式，再导入LaserWork，如图2-33所示。

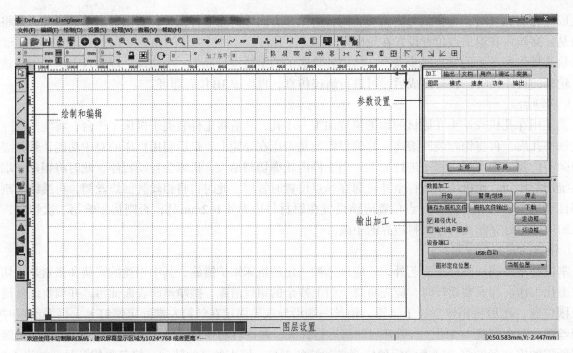

图2-32　LaserWork操作界面

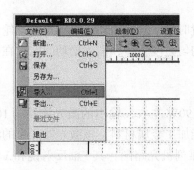

图2-33　导入文件

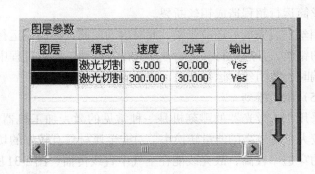

图2-34　图层参数设置

2）调整图层参数　根据加工方式的不同，将图形线条修改为不同的颜色，图层参数栏中将出现用颜色标识的图层。如图2-34所示，分别双击图层，设置加工模式为"激光切割"，并根据切割材料的厚度确定切割速度和功率两项参数。当速度越小、功率越大，则材料越容易被切断；而速度越大、功率越小时，激光将不易穿透工件材料。对一般常见的厚度为5mm的亚克力材料，切断速度设置为5，功率均设置为90，不切断速度设置为300，功率均设置为30即可。

3）执行加工　待工件在激光雕刻机工作台安装定位可靠后，单击软件加工工具栏的"走边框"按钮，此时激光头将沿绘制图形的最大外轮廓按矩形路径空走一次，以检查材料大小是否符合要求，确定无误后，单击"开始"按钮，软件将自动生成程序发送至机床执行加工操作。对于厚度加大的材料，应重复切割数次，保证能切透，但工件在工作台的位置不能有变动。

（5.2）激光雕刻机基本操作

1）开机　一种激光雕刻机操作面板如图2-35所示，依次点击"开机""风机开""气泵开"按钮实现开机，开机后激光头将自动复位完成初始化，然后进入待机状态，显示屏将默认以图示显示，关机顺序则与开机相反。

其中风机用于抽出机床内切割燃烧时产生的烟雾，气泵用于切割时激光头喷气，以避免切割燃烧的火焰上窜。

2）定位　将原材料放置于工作台，通过点击上、下、左、右方向键移动激光头至加工工件起始位置，再点击"定位"按钮确定此位置，激光头定

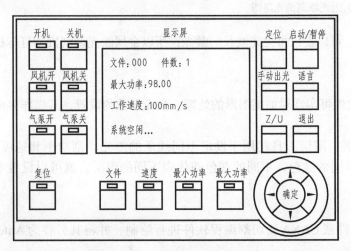

图2-35　一种激光雕刻机操作面板

位结束后，便可通过LaserWork软件实现走边框和切割等操作，切割时应关闭舱门，避免人体吸入有害气体。

3）手动出光　该功能可以手动开启激光，可辅助激光头在材料上实现较精确的定位操作，也可以与方向键联用，实现下料操作。

4）启动/暂停、退出　点击"启动/暂停"按钮可暂停当前加工，或重复执行上一次执行过的切割程序。在暂停加工的状态下，若再次点击"启动/暂停"按钮，程序又将继续执行；若点击"退出"按钮，将取消后续加工过程。

5）速度　该功能用于调整手动移动激光头时的速度，以实现激光头较精确的定位操作，点击该按钮后，通过方向键即可调整速度大小，显示屏将以工作速度的方式进行显示，而在切割过程中，显示的工作速度为软件设定值。

6）最小功率、最大功率　点击此两按钮后，通过方向键可分别调整激光头在手动出光时的最大、最小功率，以方便下料操作。

7）激光头高度设置　如图2-36所示，由于激光最终是通过聚焦镜将光线聚焦在一个点上，通过这个点的高密度能量进行加工，所以激光头的高度（即激光头与工件之间的距离）必须调节好，通常激光头与工件上表面相距5mm左右。此外，由于光线是通过聚焦镜输出，所以输出激光成一个锥形，当切割较厚板材时，将不可避免地使零件边界出现锥度，其尺寸误差会较大。

（5.3）激光切割练习

分别用不同厚度的亚克力材料加工图2-37所示的图形，注意图层参数的设置。

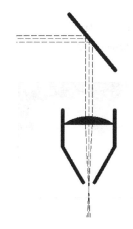

图2-36　激光聚焦示意图

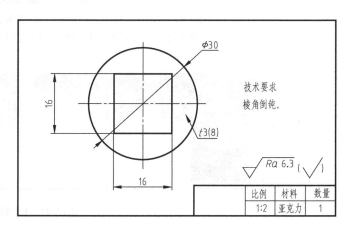

图2-37　激光切割加工零件

（6）3D打印

3D打印是一种快速成形技术，它是一种以三维数字模型文件为基础，运用粉末状金属或塑料等可黏合材料，通过逐层打印的方式来构造物体的技术，是目前全球经济增长最快的行业之一，随着技术的发展，3D打印有很多类型，根据可用材料的不同有塑料、光敏树脂、纸张、食用材料、水泥等非金属材料的打印，还有钛合金等金属材料的打印，如图2-38所示，将3D打印机的挤出头变成可挤出食品的注射器，然后将巧克力等食材从注射器中挤出，从而可以实现对食品的3D打印；如图2-39所示，将3D打印机的挤出头换为可挤出水泥的注射器，并将3D打印机放大，那么就可以实现房子的3D打印，当然受到技术的限制，一般只能对房子的部分结构进行打印。

图2-38　食品的3D打印

图2-39　3D打印房屋

目前，应用较广泛的是以塑料为打印材料的3D打印机，其中北京太尔时代公司推出的UP Plus 2型3D打印机是全球范围内广受追捧的桌面级打印机之一，如图2-40所示，许多高校实验室也普遍采用，其成形尺寸可达到140mm×140mm×135mm。UP Plus 2具有平台自动调平和自动设置喷头高度的功能，使打印机的校准变得轻松简单，确保了打印效果和可靠性，该机型可使用工程塑料ABS和PLA，采用的是熔融层级技术（FDM）。

（6.1） UP Plus 2打印机基本操作

UP Plus 2 3D打印机基本结构如图2-40所示，先通过USB数据线连接电脑，接通电源后，打开打印机随机软件UP，通过菜单栏"三维打印"→"初始化"命令对打印机进行初始化操作。图2-41所示为3D打印软件界面，打开软件后，要对打印机进行初始化操作。

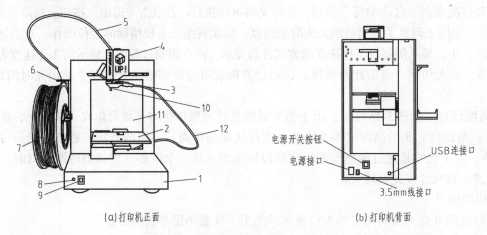

图2-40　UP Plus 2型3D打印机结构

1—基座；2—打印平台；3—喷嘴；4—喷头；5—丝管；6—材料挂轴；7—丝材；
8—信号灯；9—初始化按钮；10—水平校准器；11—自动对高块；12—3.5mm双头线

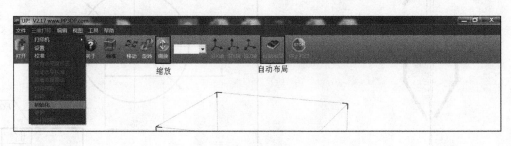

图2-41　UP软件界面

初始化结束后，通过"文件"→"打开"命令载入stl格式三维模型，对于无尺寸要求的工艺品打印，可通过工具栏"缩放"按钮对模型大小进行缩放，如果需要按实际尺寸打印模型，则不能使用"缩放"功能。模型载入后，需单击一次"自动布局"按钮，此模型将自动在工作台上布局，最后再依次执行"打印预览"→"打印"命令即可开始模型的打印工作。

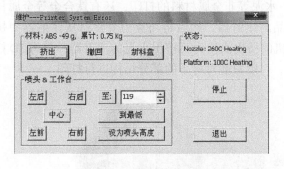

图2-42　"维护"对话框

（6.2）打印过程中一些异常情况的处理

1）打印喷头挤出丝材不畅　在打印时若遇到挤不出丝的情况，应即刻停止打印，然后通过单击打印机自带软件里的"三维打印"→"维护"命令进行处理，如图2-42所示，单击"挤出"按钮，等待温度到达260℃后（ABS材料），手动送进ABS丝材，直到打印机挤出头可以连续挤出材料为止。

2）打印时零件翘曲　在打印过程中，偶尔会遇到零件翘曲变形的情况，其原因主要有模型尺寸过大导致的热变形不均匀、平台倾斜或平台高度不合理等。其中，平台高度和平台水平均可使用软件进行校准，如图2-42所示，通过"维护"中的"至："按钮移动平台距离喷头0.5mm左右，再单击"设为喷头高度"按钮即可；自动调节水平需要借助"水平校准器"，将其安装在3D打印机喷头上（3D打印机温度不能过高）并连接信号线，然后单击"三维打印"→"自动水平校准"命令即可。

（6.3）打印基本工艺

虽然3D打印机能够轻松制造很复杂的零件，但建模时仍然要考虑打印的工艺问题，其主要工艺要求有合理的打印尺寸、尽可能少的支撑材料等，下面通过实例进行说明。

1）一种桁架结构的打印　图2-43所示为一种桁架结构，图2-43（a）所示的桁架结构，其每个桁架单元均有一横梁，在打印该结构时必然会产生支撑材料，且打印时间长，质量还可能下降，此时可将桁架单元拆分为

图2-43（b）所示的结构进行打印后再粘接，这样在分别打印每一个单元体时就不会产生支撑材料，可以大大减少打印时间，并且最终的打印质量也会大大提高，若模型不能拆分，可根据图2-43（c）所示的结构在横梁下方人为增加一个斜三角结构，也可以避免打印时产生支撑材料。

2）圆锥体的打印　对于含有尖端形状的零件，如图2-44所示的圆锥体，根据尽量减少支撑材料的原则，以图示方向布局进行打印，将不产生支撑材料，但由于圆锥顶部与工作台接触面积小，在打印时易使材料脱落，因此，这类零件需要将圆锥顶朝上布局进行打印，通过增加支撑材料来保证打印的成功率。

   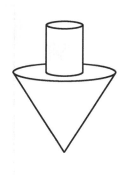

（a）　　　　　　（b）　　　　　　（c）

图2-43　一种桁架结构　　　　　　　　　图2-44　圆锥体

此外，因受限于打印机工作台面积的大小，对于尺寸较大的模型，不能一次性打印出，所以在设计时应该对模型进行合理的分块，并尽可能在每个分块之间添加连接结构（例如榫卯结构），以便将各个块打印后能方便地拼接为一个完整的模型，这些都是3D打印过程中经常遇到的问题。

2.8　机械制造成本分析

在综合实训中，学生按要求设计装置，并通过加工将构思变为现实，需涉及材料、设备、刀具、工具以及加工工艺的选择，在此过程中，学生应该具备一定的成本意识，养成节约的习惯，力求经济高效。本节主要介绍单件小批量生产类型的成本分析。

2.8.1　制造成本的概念和构成

所谓成本，是指对象化了的费用，即以产品为对象计算分配的费用，是为了获取收益、货物、财产或服务而发生的资源流出，这种资源可以是现金、应付款项、拟提供的服务或货物交易。

制造成本也称生产成本，是企业为生产产品而发生的成本，生产成本是生产过程中各种资源利用情况的货币表示，是生产单位为生产产品或提供劳务而发生的各项生产费用，是衡量企业技术和管理水平的重要指标。

成本是确定产品价格的基础，是决定利润大小的重要因素之一，企业生产经营的最终目的是实现产品销售收入以获取利润。盈利，企业就能生存发展；亏损，企业不仅没有了发展的基础，甚至连生存也难以为继。要增加利润，提高企业的经济效益，就要不断地增加收入，降低成本费用。

产品成本按其计入成本对象的方式分为直接成本和间接成本，直接成本是指在成本计算时能直接计入某种成本对象的成本，如产品生产中的直接材料、直接人工及动力耗费，是产品成本的最重要组成部分。间接成本是指在成本计算时，不能直接计入某种产品而必须通过一定的分配标准分摊到各种产品的成本，如间接材料、间接人工和其他制造费用等。

在制造行业，成本一般由直接材料费用、直接人工费用和制造费用3部分组成。

（1）直接材料费用

直接材料是指企业在生产产品和提供劳务过程中所消耗的直接用于产品生产并构成产品实体的原料、主要材料、外购半成品以及有助于产品形成的辅助材料等其他直接材料。在生产过程中，直接材料的价值一次全部转移到新生产的产品中去，构成了产品成本的重要组成部分。

（2）直接人工费用

直接人工费用是指生产过程中直接改变材料的性质或形态所耗用的人工成本，也就是生产工人的工资和各种津贴，以及按规定比例提取的福利费等。

（3）制造费用

制造费用是指企业为生产产品和提供劳务而发生的各项间接成本，制造费用包括生产成本中除直接材料费用和直接人工费用以外的其余一切成本，如设备与厂房折旧费、间接管理人员工资，能源、水等消耗所产生的费用，间接费用以分摊形式计入产品中。在单件小批量生产条件下，上述成本费用无法直接精确计算，通常简化为机床的小时费率来计算制造费用。

2.8.2 单件小批量生产类型的成本分析

单件小批量生产的组织形式一般采用通用机床，毛坯可采用型材在市场上直接购得，其工艺过程相对较短，成本分析从直接材料费用、直接人工费用和制造费用3方面考虑，方法如下。

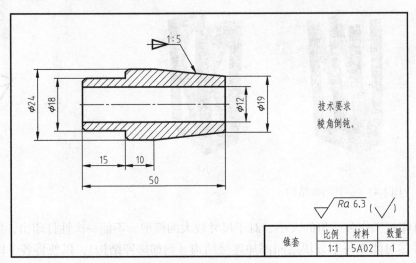

图2-45 锥套零件图

（1）直接材料费用 F

根据零件材料的种类，可通过市场询价确定材料的市场价格，再计算零件毛坯体积，利用式（2-2）计算零件的直接材料费用 F。

$$F = Pm = P(\rho V) \tag{2-2}$$

式中　P——材料单价，元/kg；

　　　m——零件毛坯质量，kg；

　　　V——毛坯体积，cm^3；

　　　ρ——材料密度，g/cm^3。

例如，图2-45所示的锥套，该零件毛坯为棒料（$\phi25mm×52mm$），可在市场上直接购得，其加工设备采用一台CA6136车床，工艺过程由一道工序组成。

表2-11　部分材料参考价格

普通钢材	铝合金	有机玻璃			外购件
		3mm厚	5mm厚	8mm厚	按实际价格计算
5元/kg	40元/kg	150元/m²	250元/m²	400元/m²	

如表2-11所示，铝合金价格为40元/kg，5A02铝材料密度为2.7g/cm³，由此可计算直接材料费用。

毛坯体积：$V=3.14×12.5^2×52=25512.5(mm^3)≈25.51(cm^3)$

毛坯质量：$m=\rho V=25.51×2.7=68.877(g)≈0.069(kg)$

直接材料费用：$F=Pm=0.069×40=2.76$（元）

（2）直接人工费用 S

对于单件小批量生产，直接操作机床的人工工资可按计件工资发放，可以根据不同设备操作工人的市场价格，利用式（2-3），得到单件小批量生产的直接人工费用。

$$S = \sum_{i=1}^{n} P_i S_i \tag{2-3}$$

式中　P_i——第 i 种设备的操作工人数；

　　　S_i——第 i 种设备的操作工人工资，元。

例如，图2-45的锥套需要车削加工30min完成，根据表2-12成都市机械制造工人小时工资参考计算直接人工费用。

表2-12　成都市机械制造工人小时工资参考　　　　　　　　元/h

车工	钳工	铣工	磨工	铸造	焊接	数控车削	数控铣削	线切割	激光切割	3D打印
26	38	26	26	30	38	30	30	30	30	30

直接人工费用：$S=30\div60\times26=13$（元）

（3）制造费用M

在单件小批量生产条件下，可根据零件工艺过程各工序的时间定额和所用机床的小时费率来计算。零件的制造费用M可用式（2-4）计算。

$$M = T_1Q_1 + T_2Q_2 + \cdots + T_nQ_n \tag{2-4}$$

式中　T_1，T_2，…，T_n——设备1，设备2，…，设备n的加工时间；

　　　Q_1，Q_2，…，Q_n——设备1，设备2，…，设备n的机床小时费率。

表2-13　机床小时费率参考

车床CA6136	台钻Z4012	铣床X6132	磨床M1420	铸造	焊接	数控车床CK6132H	数控铣床XK714C/1	线切割机床DK7740B	激光切割CLS3500	3D打印UP plus2
25元/h	15元/h	30元/h	30元/h	4元/kg	10元/m	80元/h	80元/h	0.006元/mm²	1元/m	1元/g

根据表2-13可知，普车加工的小时费率为25元/h，故可计算图2-45锥套的制造费用。

制造费用：$M=30\div60\times25=12.5$（元）。

所以制造一件轴套的总成本：$C=F+S+M=2.76+13+12.5=28.26$（元）。

中批量生产的成本分析应结合该类生产的工艺及管理特征来进行，中批量生产方式要保持较好的连续性和一定的柔性，其组织形式多为成组流水生产线，加工车间一般按成组流水生产线布置设备，为提高材料利用率，减少加工量，此时的毛坯多为锻件或铸件。成本分析时要根据零件的月产量、月工作天数、日工作小时数和时间利用率计算生产节拍，确定设备、工人数量，其直接材料费用多按一个月的直接材料费来计算，直接人工费用多以工人月工资或计件工资来计算，制造费用要考虑当月的管理费、水电费、办公费、差旅费等，将以上费用汇总后，再分摊出每个零件的加工成本，其计算过程不再赘述。

学生要根据以上单件小批量生产类型的成本分析方法计算各自设计作品的制造成本，再总结反思在生产过程中如何控制成本。

课后作业

1. 请分析图2-46所示零件的加工工艺，并填写机械零件加工工艺过程卡（表2-14）。

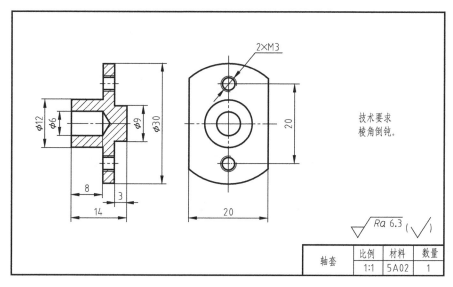

图2-46　轴套

表2-14　机械零件加工工艺过程卡

机械制造综合实训 机械加工工艺过程卡片			零件名称			生产 批量		1件
材料		毛坯种类			毛坯尺寸		每毛坯可制作件数	
序号	工序	工序内容	工序简图	机床夹具	刀具	量具		工时/min
1								
2								
3								

2.如图2-46所示，加工该零件需尺寸为ϕ35mm×30mm的毛坯（材料密度1.27g/cm³），拟采用车削、铣削和钳工进行加工，每个工序用时分别为车削20min、铣削20min、钳工20min，请按表2-15计算加工一个零件的材料费用、人工费用、制造费用以及总成本。

表2-15　轴套零件成本分析表

序号	工艺内容	工时/h	人工费用S	制造费用M	小计	备注
1	车削					
2	铣削					
材料费用F						
总成本C						

第3章
机械制造综合实训教学案例

3.1 重力势能驱动的S形越障小车

3.1.1 命题描述

3.1.1.1 基本功能

在给定一重力势能4J（取$g=10m/s^2$）条件下，根据能量转换原理，设计一种可将该重力势能转换为机械能并可用作驱动力的自行小车，见图3-1。该自行小车在前行时能够自动交错绕过赛道上设置的障碍物，见图3-2。用作能量转换的重物块落下后，须被小车承载并同小车一起运动，不允许从小车上掉落。

3.1.1.2 基本结构

① 小车要求采用三轮结构（1个转向轮，至少1个驱动轮）。

② 转向轮最大外径应不小于$\phi 30mm$。

③ 要求小车具有转向控制机构，且此转向控制机构具有可调节功能，以适应放有不同间距障碍物的竞赛场地。

3.1.1.3 基本条件

① 给定重力势能统一用质量为1kg（$\phi 50mm\times 65mm$，普通碳钢）的重块铅垂下降来获得，落差（400±2）mm。

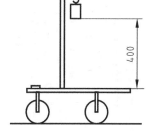

图3-1 自行小车示意图

② 赛道为光滑的水磨石或木质地板，其宽度为2000mm，障碍物为直径20mm、高200mm的圆棒，沿赛道中线从距出发线1m处开始按间距1m摆放，摆放完成后，将偶数位置的障碍物按抽签得到的障碍物间距变化值和变化方向进行移动（正值远离，负值移近），形成的即为竞赛时的赛道。

③ 经现场公开抽签，在±（200～300）mm范围内产生一个S形赛道障碍物间距变化值和变化方向。

④ 要求小车前行过程中完成的所有动作所需的能量均由此能量转换获得，不可使用任何其他能量形式。

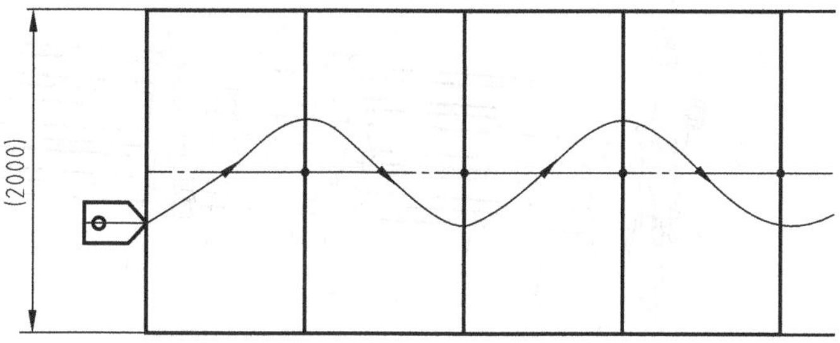

3.1.1.4 比赛规则

① 小车分别运行2次，取2次中的最好成绩。首次运行前的调整时间约为5min，再次运行前调整时间约为3min，每轮总时间控制在15min以内，实际竞赛进程以现场裁判长指令为准。

图3-2 小车自动行走示意图

② 各参赛队用自己加工调整和装配好的小车，加载由竞赛组委会统一提供的标准砝码，在指定的赛道上进行比赛。赛道宽度为2m，出发端线距第一个障碍及障碍与障碍之间的间距均相同。小车出发位置自定，但不得超过出发端线和赛道边界线；小车出发时，不得加以任何外力，否则取消比赛资格。

③ 竞赛小车在前行时能够自动绕过赛道上设置的障碍物。障碍物为直径20mm、高200mm的圆棒，沿赛道中线等距离摆放。以小车前行的距离和成功绕障数量来评定成绩。

④ 小车有效的绕障方法：小车从赛道一侧越过一个障碍后，整体穿过赛道中线且障碍物不被撞倒（擦碰障碍，但没碰倒者，视为通过）；重复上述动作，直至小车停止。小车有效的运行距离为停止时小车距出发线最远端与出发线之间的垂直距离。测量此距离，每米得2分，测量读数精确到毫米；每绕过一个障碍得8分（以小车整体越过赛道中线为准），一次绕过2个或2个以上障碍时只算1个；多次绕过同1个障碍时只算1次，障碍物被撞倒不得分；障碍物未倒，但被完全推出定位圆区域（$\phi 20mm$）也不得分。小车在运行中越过赛道边界线则视为本次比赛结束。

⑤ 如果小车运行完整个赛道而能量还没用尽，则以重物的剩余高度计算。

⑥ 比赛成绩计算（起评分60分）。

根据比赛得分（直线距离×2+有效避障数×8）计算各参赛队的名次，从而计算出各队的成绩=100-40×（名次-1）/总参赛队。

⑦ 成立竞赛组委会。成立专门的组委会运行该项赛事。

3.1.2 样机主要结构说明及加工工艺

3.1.2.1 样机爆炸图

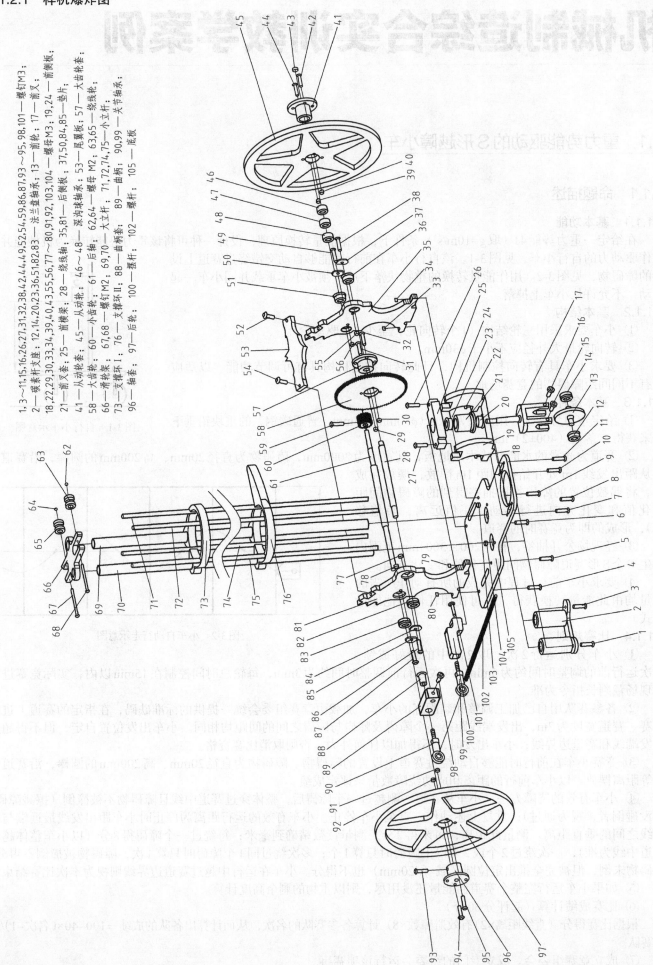

1,3~11,15,16,26,27,31,32,38,42,44,49,52,54,59,86,87,93~95,98,101—螺钉M3；
2—碳素杆支座；12,14,20,23,36,51,82,83—法兰盘轴承；13—前叉；17—前叉；
18,22,29,30,33,34,39,40,43,55,56,77~80,91,92,103,104—螺母M3；19,24—前侧板；
21—前叉套；25—前撑架；28—绕线套；35,81—后侧板；37,50,84,85—垫片；
41—从动轮套；45~48—深沟球轴承；46~48—绕线轴；53—尾翼板；57—大齿轮套；
58—大齿轮；60—小齿轮；61—后轴；62,64—螺母M2；63,65—绕线轮；
66—滑轮架；67,68—螺钉M2；69,70—大立杆；71,72,74,75—小立杆；
73—支撑环I；76—支撑环II；88—曲柄套；89—曲柄；90,99—关节轴承；
96—轴套；97—后轮；100—摆杆；102—摇杆；105—底板

3.1.2.2 样机装配图

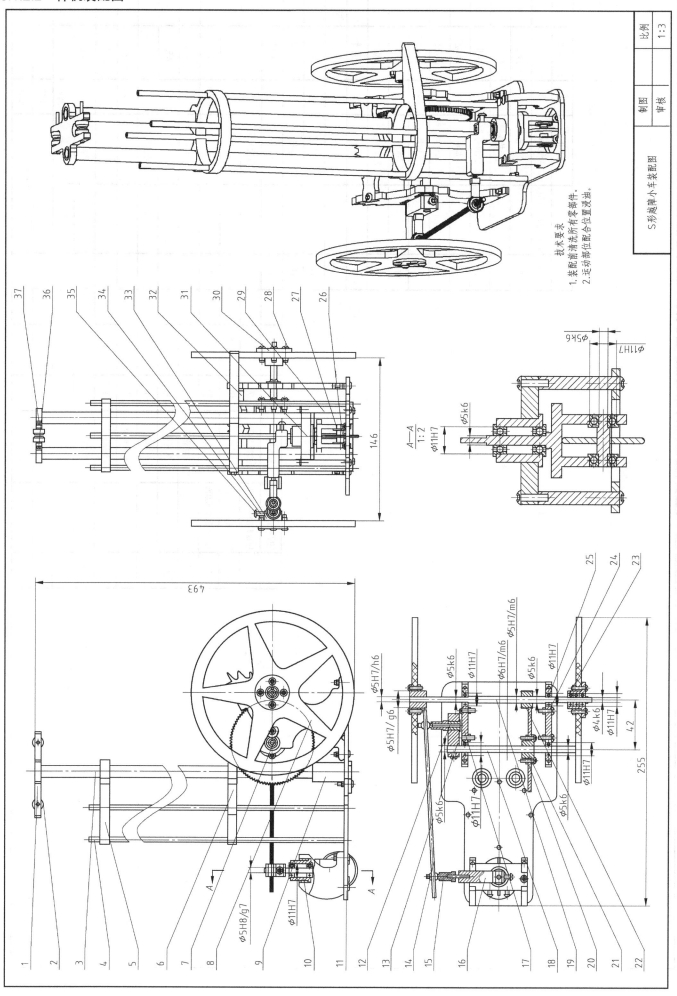

技术要求
1. 装配前请清洗所有零部件。
2. 运动部位配合位置浸油。

制图	
审核	
S形越障小车装配图	比例 1:3

序号	代号	名称	数量	材料	备注
24		垫片II	2	5A02	
23	GB/T 276—2013	轴承694	3		
22		小齿轮	1	5A02	
21		大齿轮套	1	2A12	
20		大齿轮	1	5A02	
19		后轴	1	2A12	
18		绕线轴	1	2A12	
17		后侧板	2	5A02	
16		摆杆	1	5A02	
15		关节轴承	1	外购件	
14		螺杆	1	外购件	
13		曲柄	1	5A02	
12		曲柄套	1	2A12	
11		底板	1	5A02	
10		前叉套	1	2A12	
9		立杆支座	1	2A12	
8		后轮	2		
7		垫片I	2	5A02	
6		支撑环II	1	ABS	
5		支撑环I	1	ABS	
4		小立杆	4		
3		大立杆	2	2A12	
2		滑轮	2	5A02	
1		滑轮架	1		

S形越障小车装配图

序号	代号	名称	数量	材料	备注
37	GB/T 6170—2015	螺母M2	2		
36	GB/T 818—2016	螺钉M2×25	2		
35	GB/T 6170—2015	螺母M3	10		
34	GB/T 818—2016	螺钉M3×6	10		
33		主动轮套	1	2A12	
32		尾翼板	1	5A02	
31		前横梁	1	5A02	
30		从动轮套	1	2A12	
29		前侧板	1	5A02	
28	GB/T 818—2016	螺钉M3×12	26		
27		前叉	1	2A12	
26		前轮	1	2A12	
25	F685ZZ		8		

制图　审核

比例 1:3

3.1.2.3 样机零件图

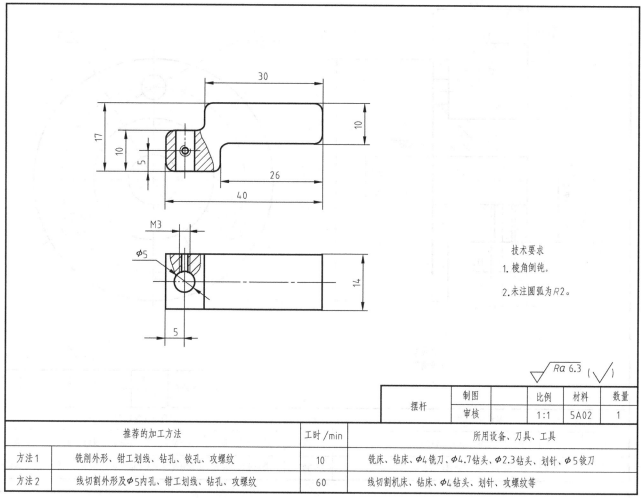

技术要求
1. 棱角倒钝。
2. 未注圆弧为R2。

$\sqrt{Ra\,6.3}$ ($\sqrt{}$)

摆杆	制图		比例	材料	数量
	审核		1:1	5A02	1

	推荐的加工方法	工时/min	所用设备、刀具、工具
方法1	铣削外形、钳工划线、钻孔、铰孔、攻螺纹	10	铣床、钻床、$\phi 4$铣刀、$\phi 4.7$钻头、$\phi 2.3$钻头、划针、$\phi 5$铰刀
方法2	线切割外形及$\phi 5$内孔、钳工划线、钻孔、攻螺纹	60	线切割机床、钻床、$\phi 4$钻头、划针、攻螺纹等

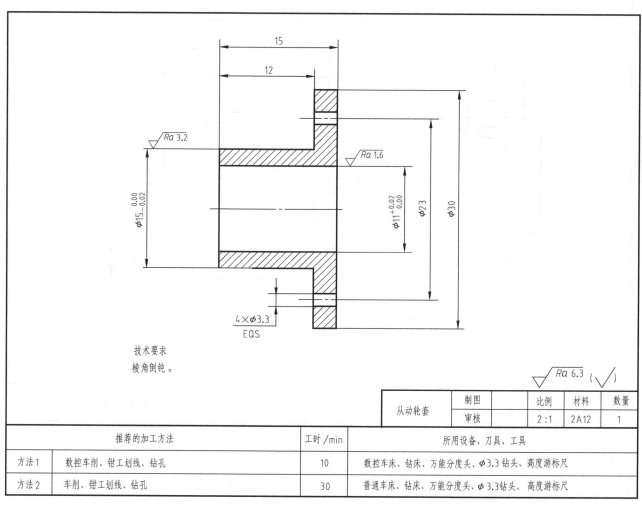

技术要求
棱角倒钝。

$\sqrt{Ra\,6.3}$ ($\sqrt{}$)

从动轮套	制图		比例	材料	数量
	审核		2:1	2A12	1

	推荐的加工方法	工时/min	所用设备、刀具、工具
方法1	数控车削、钳工划线、钻孔	10	数控车床、钻床、万能分度头、$\phi 3.3$钻头、高度游标尺
方法2	车削、钳工划线、钻孔	30	普通车床、钻床、万能分度头、$\phi 3.3$钻头、高度游标尺

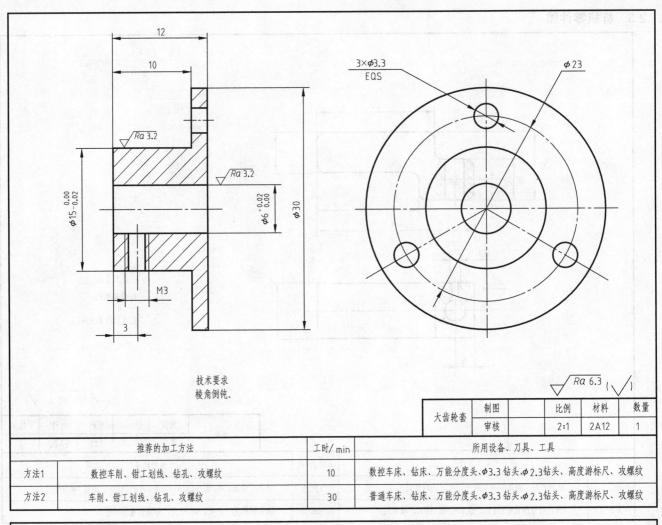

技术要求
棱角倒钝。

$\sqrt{Ra\ 6.3}\ (\sqrt{\ })$

大齿轮套	制图		比例	材料	数量
	审核		2:1	2A12	1

	推荐的加工方法	工时/min	所用设备、刀具、工具
方法1	数控车削、钳工划线、钻孔、攻螺纹	10	数控车床、钻床、万能分度头、φ3.3钻头、φ2.3钻头、高度游标尺、攻螺纹
方法2	车削、钳工划线、钻孔、攻螺纹	30	普通车床、钻床、万能分度头、φ3.3钻头、φ2.3钻头、高度游标尺、攻螺纹

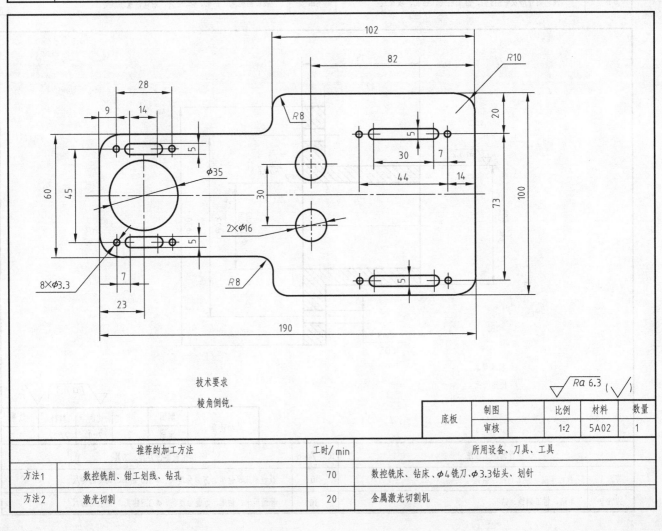

技术要求
棱角倒钝。

$\sqrt{Ra\ 6.3}\ (\sqrt{\ })$

底板	制图		比例	材料	数量
	审核		1:2	5A02	1

	推荐的加工方法	工时/min	所用设备、刀具、工具
方法1	数控铣削、钳工划线、钻孔	70	数控铣床、钻床、φ4铣刀、φ3.3钻头、划针
方法2	激光切割	20	金属激光切割机

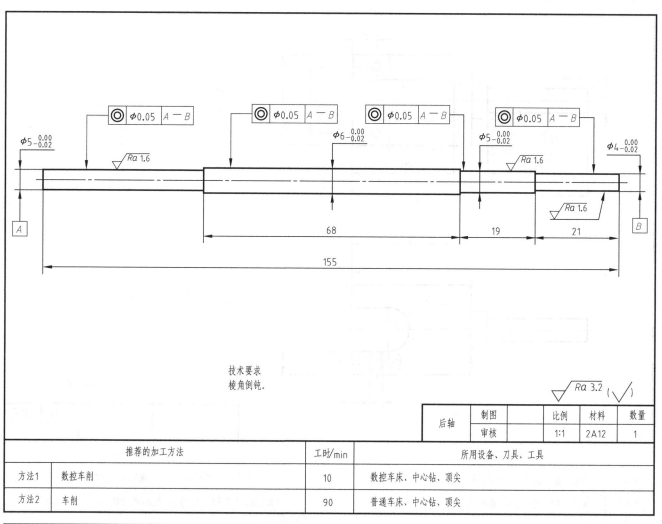

技术要求
棱角倒钝。

$\sqrt{Ra\ 3.2}$ ($\sqrt{}$)

后轴	制图		比例	材料	数量
	审核		1:1	2A12	1

推荐的加工方法		工时/min	所用设备、刀具、工具
方法1	数控车削	10	数控车床、中心钻、顶尖
方法2	车削	90	普通车床、中心钻、顶尖

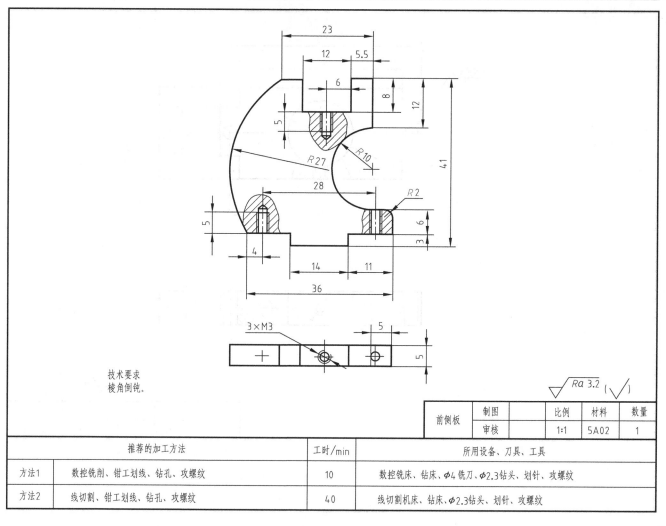

技术要求
棱角倒钝。

$\sqrt{Ra\ 3.2}$ ($\sqrt{}$)

前侧板	制图		比例	材料	数量
	审核		1:1	5A02	1

推荐的加工方法		工时/min	所用设备、刀具、工具
方法1	数控铣削、钳工划线、钻孔、攻螺纹	10	数控铣床、钻床、ϕ4铣刀、ϕ2.3钻头、划针、攻螺纹
方法2	线切割、钳工划线、钻孔、攻螺纹	40	线切割机床、钻床、ϕ2.3钻头、划针、攻螺纹

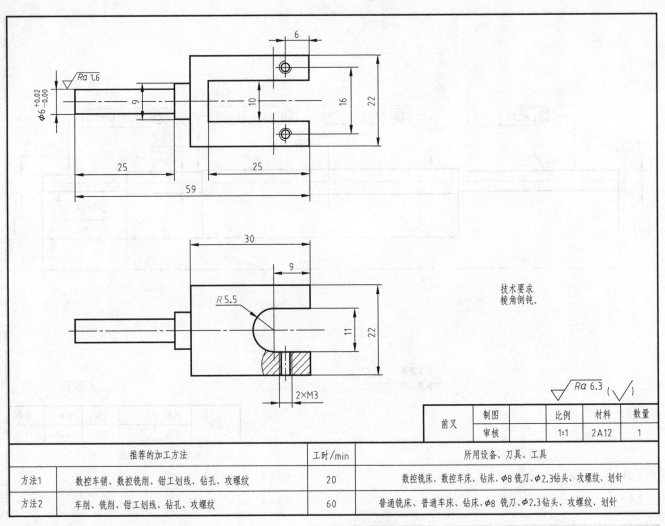

技术要求
棱角倒钝。

前叉	制图		比例	材料	数量
	审核		1:1	2A12	1

	推荐的加工方法	工时/min	所用设备、刀具、工具
方法1	数控车销、数控铣削、钳工划线、钻孔、攻螺纹	20	数控铣床、数控车床、钻床、φ8铣刀、φ2.3钻头、攻螺纹、划针
方法2	车削、铣削、钳工划线、钻孔、攻螺纹	60	普通铣床、普通车床、钻床、φ8铣刀、φ2.3钻头、攻螺纹、划针

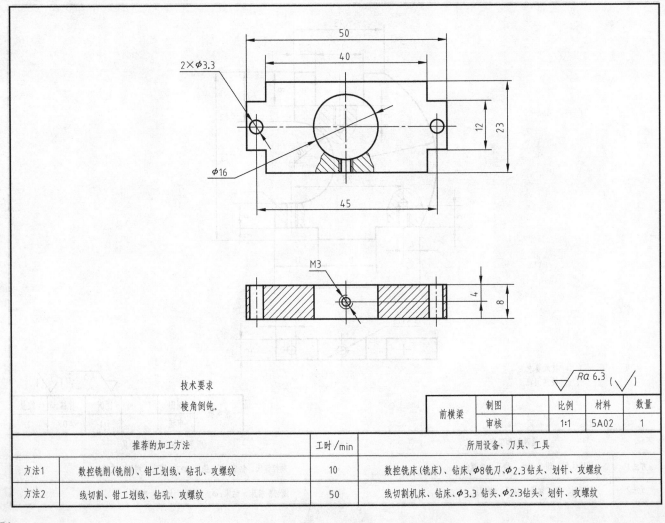

技术要求
棱角倒钝。

前横梁	制图		比例	材料	数量
	审核		1:1	5A02	1

	推荐的加工方法	工时/min	所用设备、刀具、工具
方法1	数控铣削(铣削)、钳工划线、钻孔、攻螺纹	10	数控铣床(铣床)、钻床、φ8铣刀、φ2.3钻头、划针、攻螺纹
方法2	线切割、钳工划线、钻孔、攻螺纹	50	线切割机床、钻床、φ3.3钻头、φ2.3钻头、划针、攻螺纹

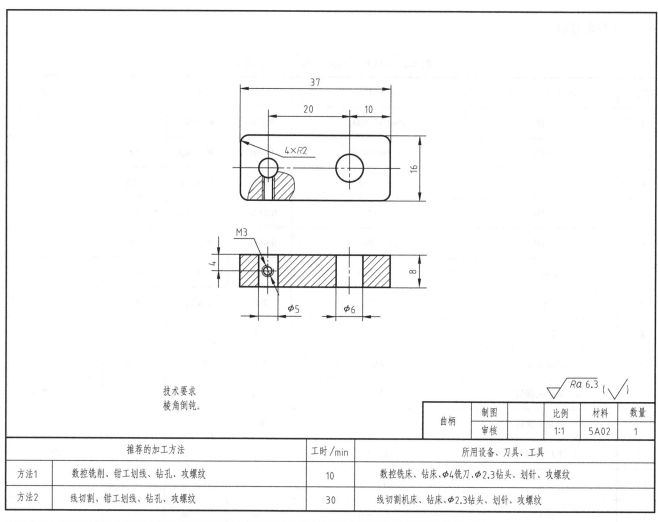

技术要求
棱角倒钝。

$\sqrt{Ra\,6.3}\,(\sqrt{\ })$

曲柄	制图		比例	材料	数量
	审核		1:1	5A02	1

	推荐的加工方法	工时/min	所用设备、刀具、工具
方法1	数控铣削、钳工划线、钻孔、攻螺纹	10	数控铣床、钻床、φ4铣刀、φ2.3钻头、划针、攻螺纹
方法2	线切割、钳工划线、钻孔、攻螺纹	30	线切割机床、钻床、φ2.3钻头、划针、攻螺纹

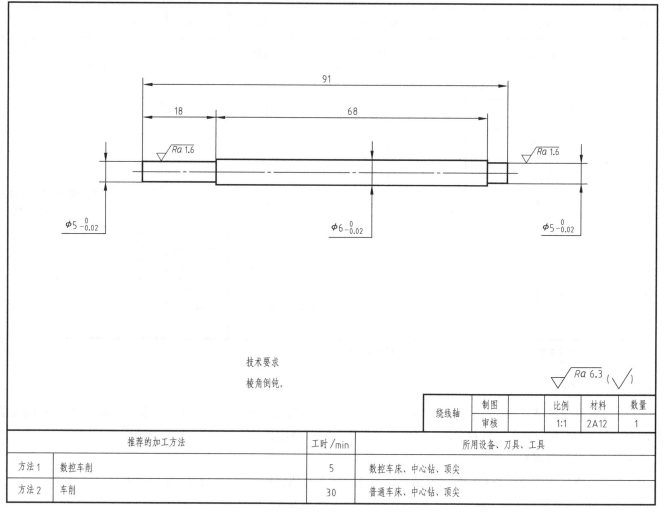

技术要求
棱角倒钝。

$\sqrt{Ra\,6.3}\,(\sqrt{\ })$

绕线轴	制图		比例	材料	数量
	审核		1:1	2A12	1

	推荐的加工方法	工时/min	所用设备、刀具、工具
方法1	数控车削	5	数控车床、中心钻、顶尖
方法2	车削	30	普通车床、中心钻、顶尖

3.1.3 材料需求

表3-1 S形越障小车材料（配件）清单

序号	材料（配件）名称	规格型号	数量	单价	金额/元	备注
1	铝板	t5×200×100	0.27kg	40元/kg	10.8	
2	铝板	t3×200×120	0.194kg	40元/kg	7.8	
3	铝棒	φ30×160	0.305kg	40元/kg	12.2	
4	铝棒	φ15×30	0.014kg	40元/kg	0.6	
5	铝棒	φ10×300	0.064kg	40元/kg	2.6	
6	亚克力板	t5×200×400	0.08m²	250/m²	20.0	
7	球铰	M3（内螺纹）	2个	2元/个	4.0	
8	深沟球轴承	694	3个	2.5元/个	7.5	
9	深沟球轴承	F685ZZ	8个	7.8元/个	62.4	
10	半圆头螺钉	M3×12	26个	0.1元/个	2.6	配螺母
11	半圆头螺钉	M3×6	10个	0.1元/个	1.0	
12	半圆头螺钉	M2×25	2个	0.15元/个	0.3	配螺母
13	碳素杆	φ10×1000	1m	16元/m	16.0	
14	碳素杆	φ4×1000	2m	5元/m	10.0	
15	螺杆	M3×200	1m	3元/m	3.0	
16	铜螺母	M3	2个	2元/个	4.0	
材料费用（F）合计/元					164.7	
17	板牙	M3	5支	7元/支	35	
18	板牙架	M3	2把	12元/把	24	
19	钻头	φ2.5	10支	0.7元/支	7	每配套一次按3个批次的实习学生使用
20	钻头	φ3.3	10支	0.7元/支	7	
21	丝锥	M3	10支	9元/支	90	
22	铰手	M3	2把	12元/把	24	
23	十字螺丝刀	中号	5把	3元/把	15	
刀具、工具费用合计/元					202	

注：材料价格参照第2章表2-11材料参考价格，刀具、工具费用不计入成本分析。

3.1.4 成本核算

此处仅核算样机试制的成本，为学生选题和教师指导提供参考。根据第2章所述成本分析的方法，该S形越障小车样机的成本主要包含直接材料费用、直接人工费用和制造费用，其分类如下。

3.1.4.1 直接材料费用 F

根据表3-1 S形越障小车材料（配件）清单，该越障小车样机试制直接材料费用为 $F=164.7$ 元。

3.1.4.2 直接人工费用 S

根据第2章表2-12成都市机械制造工人小时工资参考，制造越障小车的直接人工工时费用 S=97元。

3.1.4.3 制造费用 M

根据第2章表2-13机床小时费率参考，计算得到S形越障小车的制造费用 M=282元。

3.1.4.4 总成本 C

根据以上统计，S形越障小车总成本为

$C=F+S+M$=164.7+97+282=543.7（元）

3.1.5 学生参与设计的内容及制作要求

3.1.5.1 样机的设计思路

为了能够达到重力势能驱动以及自动避障的目的，小车应具备两个功能：重力势能的转换和周期性的转向。由此确定，小车主要由能量转换机构、传动机构和转向机构3大机构组成。

① 样机的能量转换机构　样机的能量转换机构由重物、尼龙绳、滑轮架、绕线筒以及绕线轴组成。当重物下落时，通过绳子带动安装在绕线轴上的绕线筒旋转，从而驱动绕线轴转动，以此实现重力势能驱动的目的。

② 样机的传动机构　样机的传动机构由绕线轴、后轴及齿轮机构组成。绕线轴即主动轴，通过齿轮机构驱动后轴转动，从而带动小车后轮转动，驱使小车向前行驶。

③ 样机的转向机构　样机的转向机构采用曲柄摇杆机构，其中曲柄与绕线轴同轴，连杆一端连接曲柄，另一端与前叉上的摇杆相连带动前轮实现周期性转向。连杆上有螺旋微调装置，通过改变连杆长度，调整小车行驶轨迹的周期和振幅，以满足自动避障的要求。

3.1.5.2 自主设计要求

① 小车底板可以做适当的修改，但整体尺寸不得超过样机底板尺寸。

② 能量转换机构的支撑杆可以设计为一根，支撑杆与底板的连接方式及具体的结构组织设计，滑轮架自主设计，绕线筒可以取消。

③ 传动机构中必须采用齿轮传动，齿轮的实际尺寸及传动比自主设计，传动轴的尺寸和轴承的选择可以自主确定，传动机构的支撑结构自主设计。

④ 转向机构中的曲柄可以自主设计为其他更方便可调的结构，前轮可设计为一个整体式结构，也可以设计为分体式结构。

3.1.5.3 制作要求

① 每个成员的工作落实到位，各自的图纸准备齐全，所需材料领用齐备，队长做好协调和检查工作。每个成员根据自己承担的任务做出加工计划，列出进度表。

② 认真分析每个零件的加工工艺流程，可参考样机实例推荐的加工工艺，但激光切割加工方式完成的零件不得超过总工作量的30%。要求在图纸上简述工艺过程，经教师签字后方可进入加工环节。

③ 严格遵守工程训练中心的规章制度及设备操作规范，遇到突发事件立即关机、切断电源并报告现场指导教师。如需协调工作，则直接向自己的指导教师申请。

④ 节约材料，充分利用中心的设备资源。耐心细致，多向现场指导教师请教，尽量降低零件的废品率。

3.2 重力驱动8字小车

3.2.1 命题描述

3.2.1.1 基本功能

设计一种小车，驱动其行走及转向的能量是根据能量转换原理，由给定重力势能转换来的。要求小车（图3-3为小车示意图）在半张标准乒乓球台（如图3-4所示，长1525mm、宽1370mm）上，绕相距450mm距离的两个障碍沿8字形轨迹前行，绕行时不可以撞倒障碍物，不可以掉下球台。障碍物为直径20mm、长200mm的2个圆棒，相距一定距离放置在半张标准乒乓球台的中线上，以小车完成8字绕行圈数的多少来综合评定成绩。

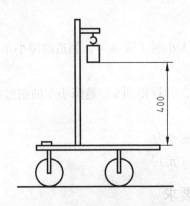

图3-3　重力驱动8字小车示意图

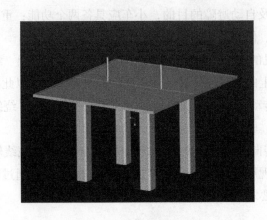

图3-4　半张标准乒乓球台

3.2.1.2　基本结构

要求小车为三轮结构，其中一轮为转向轮，另外两轮为行进轮，允许两行进轮中的一个轮为从动轮。具体设计、材料选用及加工制作均由参赛学生自主完成。

3.2.1.3　基本条件

① 该给定重力势能由竞赛时使用质量为1kg±5g的重锤获得。

② 要求重锤的可下降高度为（400±2）mm。

③ 重锤由小车承载，不允许从小车上掉落。

④ 要求小车行走过程中完成所有动作所需的能量均由此重力势能转换获得，不可使用任何其他能量来源。

3.2.1.4　比赛规则

① 参赛小车在半张标准乒乓球台（长1525mm、宽1370mm）上，绕相距450mm距离的两个障碍沿8字形轨迹前行，绕行时不可以撞倒障碍物，不可以掉下球台。障碍物为直径20mm、长200mm的2个圆棒，相距450mm距离放置在半张标准乒乓球台的中线上，以小车完成8字绕行圈数的多少来综合评定成绩。

② 参赛时，要求小车以8字形轨迹交替绕过中线上2个障碍，保证每个障碍在8字形的一个封闭环内。每完成1个8字且成功绕过2个障碍，得12分。每完成1个8字且只绕过1个障碍，得6分。每完成1个8字且没有绕过障碍物，得2分。出发点自定，每队小车运行2次，取2次成绩中最好成绩。

③ 一个成功的8字绕障轨迹为：两个封闭图形轨迹和轨迹的两次变向交替出现，变向指的是轨迹的曲率中心从轨迹的一侧变化到另一侧。

④ 比赛中，小车需连续运行，直至停止。小车碰倒障碍、将障碍物推出定位圆区域、砝码脱离小车、小车停止或小车掉下球台均视为本次比赛结束。

⑤ 评分计算办法。根据各队的得分，按从高到低排列名次，按下列公式计算各队各项成绩。

避障行驶竞赛成绩记为A，则

$$A = 100 - \frac{60}{\text{项目参赛队数} - 1} \times (\text{本队名次} - 1)$$

⑥ 成立竞赛组委会。成立专门的组委会运行该项赛事。

3.2.2 样机主要结构说明及加工工艺

3.2.2.1 样机爆炸图

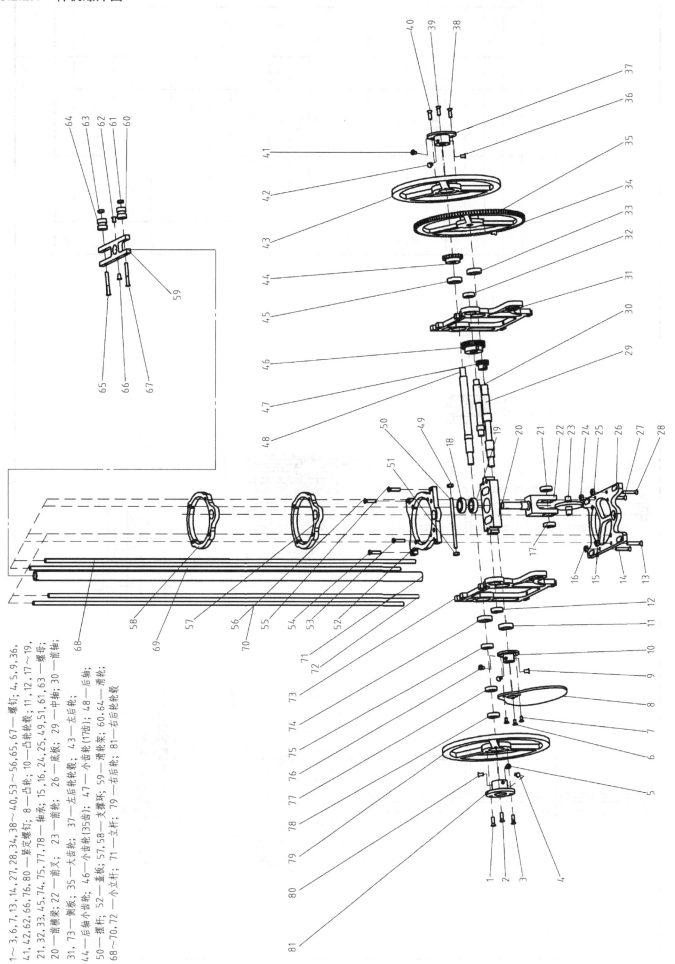

1～3、6、7、13、14、27、28、34、38～40、53～56、65、67—螺钉；4、5、9、36、41、42、62、66、76、80—紧定螺钉；8—凸轮；10—凸轮轮毂；11、12、17～19、21、32、33、45、74、75、77、78—轴承；15、16、24、25、49、51、61、63—螺母；20—前横梁；22—前叉；23—前轮；26—底板；29—中轴；30—前轴；31、73—侧板；35—大齿轮；37—左后轮轮毂；43—左后轮；44—后轴小齿轮；46—小齿轮(35齿)；47—小齿轮(17齿)；48—后轴；50—摆杆；52—盖板；57、58—支撑环；59—滑轮架；60、64—滑轮；68～70、72—小立杆；71—立杆；79—右后轮；81—右后轮轮毂

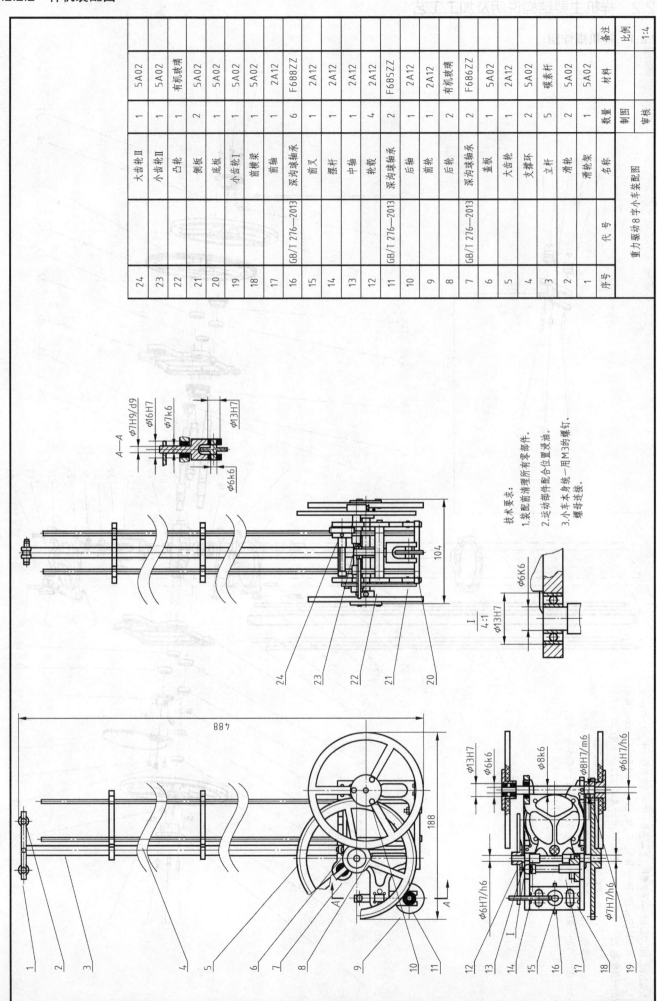

序号	代号	名称	数量	材料	备注
24		大齿轮Ⅱ	1	5A02	
23		小齿轮Ⅱ	1	5A02	
22		凸轮	1	有机玻璃	
21		侧板	2	5A02	
20		底板	1	5A02	
19		小齿轮Ⅰ	1	5A02	
18		前模滚	1	5A02	
17		前轴	1	2A12	
16	GB/T 276—2013	深沟球轴承	6	F688ZZ	
15		前叉	1	2A12	
14		摇杆	1	2A12	
13		中轴	1	2A12	
12		轮毂	4	2A12	
11	GB/T 276—2013	深沟球轴承	2	F685ZZ	
10		后轴	1	2A12	
9		前轮	1	2A12	
8		后轮	2	有机玻璃	
7	GB/T 276—2013	深沟球轴承	2	F686ZZ	
6		盖板	1	5A02	
5		大齿轮	1	2A12	
4		支撑环	2	5A02	
3		立杆	5	碳素杆	
2		滑轮	2	5A02	
1		滑轮架	1	5A02	
序号	代号	名称	数量	材料	备注
重力驱动 8 字小车装配图					比例 1:4
			制图		
			审核		

技术要求:
1. 装配前清理所有零部件。
2. 运动部件配合位置浸油。
3. 小车本身统一用 M3 的螺钉、螺母连接。

ϕ7H9/d9
ϕ16H7
ϕ7k6
ϕ13H7
ϕ6k6

A—A

ϕ6K6
$\frac{I}{4:1}$
ϕ13H7

104

$\frac{I}{4:1}$

ϕ13H7
ϕ6k6
ϕ8k6
ϕ8H7/m6
ϕ6H7/h6

ϕ6H7/h6
ϕ7H7/h6

88⁴

188

3.2.2.3 样机零件图

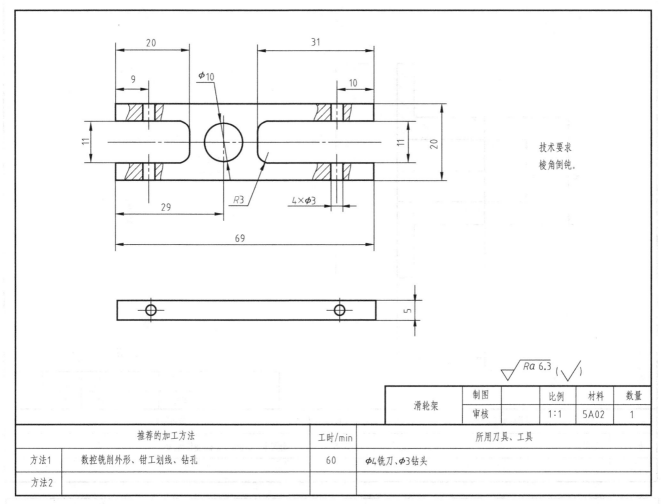

技术要求
棱角倒钝。

$\sqrt{Ra\,6.3}\ (\sqrt{\quad})$

滑轮架	制图		比例	材料	数量
	审核		1:1	5A02	1

推荐的加工方法		工时/min	所用刀具、工具
方法1	数控铣削外形、钳工划线、钻孔	60	ϕ4铣刀、ϕ3钻头
方法2			

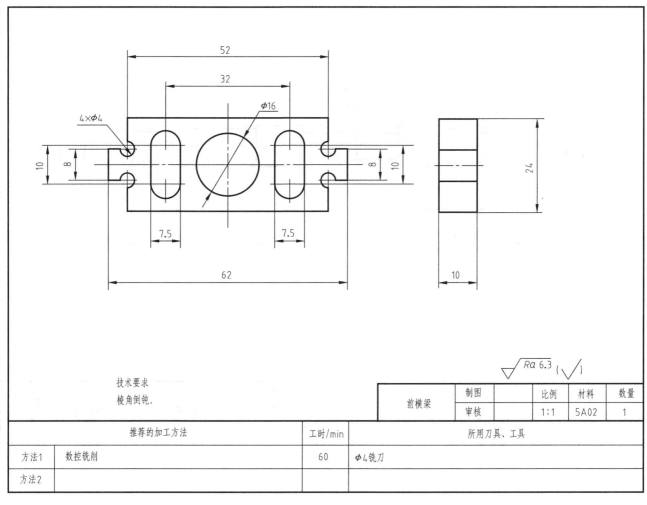

技术要求
棱角倒钝。

$\sqrt{Ra\,6.3}\ (\sqrt{\quad})$

前横梁	制图		比例	材料	数量
	审核		1:1	5A02	1

推荐的加工方法		工时/min	所用刀具、工具
方法1	数控铣削	60	ϕ4铣刀
方法2			

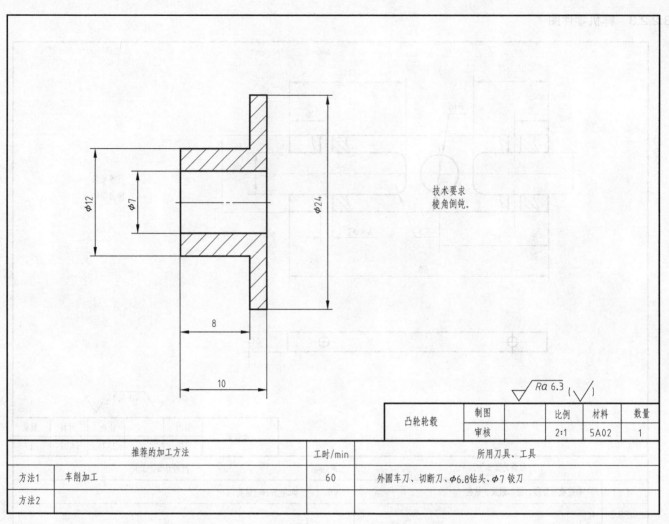

技术要求
棱角倒钝。

$\sqrt{Ra\,6.3}$ ($\sqrt{}$)

凸轮轮毂	制图		比例	材料	数量
	审核		2:1	5A02	1

	推荐的加工方法	工时/min	所用刀具、工具
方法1	车削加工	60	外圆车刀、切断刀、φ6.8钻头、φ7铰刀
方法2			

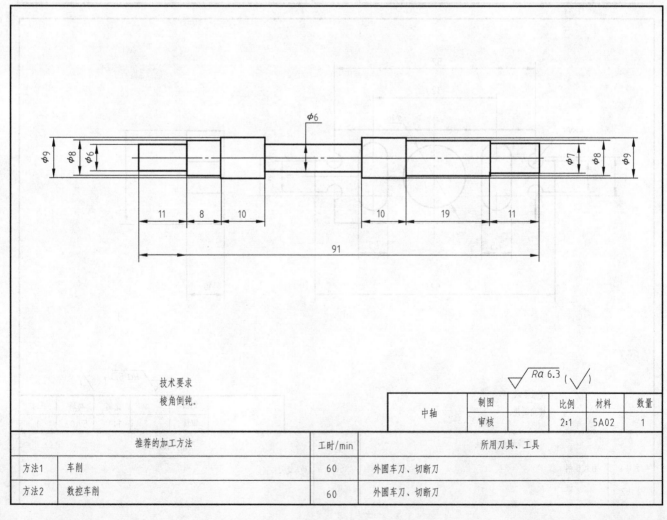

技术要求
棱角倒钝。

$\sqrt{Ra\,6.3}$ ($\sqrt{}$)

中轴	制图		比例	材料	数量
	审核		2:1	5A02	1

	推荐的加工方法	工时/min	所用刀具、工具
方法1	车削	60	外圆车刀、切断刀
方法2	数控车削	60	外圆车刀、切断刀

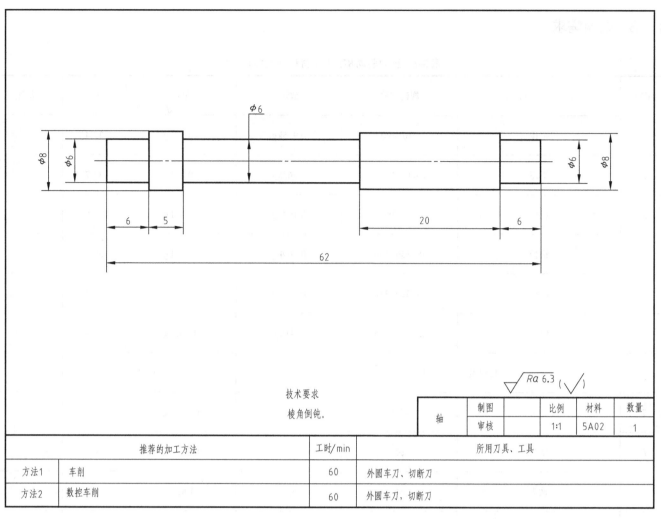

技术要求
棱角倒钝。

轴	制图		比例	材料	数量
	审核		1:1	5A02	1

推荐的加工方法		工时/min	所用刀具、工具
方法1	车削	60	外圆车刀、切断刀
方法2	数控车削	60	外圆车刀，切断刀

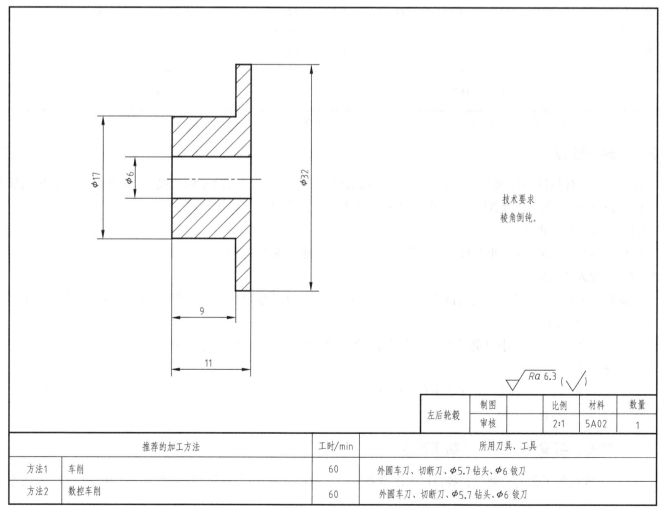

技术要求
棱角倒钝。

左后轮毂	制图		比例	材料	数量
	审核		2:1	5A02	1

推荐的加工方法		工时/min	所用刀具、工具
方法1	车削	60	外圆车刀、切断刀、φ5.7钻头、φ6铰刀
方法2	数控车削	60	外圆车刀、切断刀、φ5.7钻头、φ6铰刀

3.2.3 材料需求

表3-2 重力驱动8字小车材料（配件）清单

序号	材料(配件)名称	规格型号	数量	单价	金额/元	备注
1	铝棒	$\phi30\times490$	0.935kg	40元/kg	37.4	
2	铝棒	$\phi40\times256$	0.868kg	40元/kg	34.7	
3	铝棒	$\phi18\times280$	0.192kg	40元/kg	7.7	
4	铝板	$t5\times356\times160$	0.769kg	40元/kg	30.8	
5	铝板	$t5\times320\times210$	0.907kg	40元/kg	36.3	
6	铝板	$t5\times196\times155$	0.41kg	40元/kg	16.4	
材料费用(F)合计/元					163.2	
7	钻头	$\phi2.5$	5支	0.7元/支	3.5	
8	钻头	$\phi3$	5支	0.7元/支	3.5	
9	钻头	$\phi6$	5支	4元/支	20	
10	丝锥	M4	5支	9元/支	45	
11	丝锥	M3	5支	9元/支	45	
刀具、工具费用合计/元					117	

注：材料价格参照第2章表2-11材料参考价格，刀具、工具费用不计入成本分析。

3.2.4 成本核算

此处仅核算样机试制的成本，为学生选题和教师指导提供参考。根据第2章所述成本分析的方法，该重力驱动8字小车样机的成本主要包含直接材料费用、直接人工费用和制造费用，其分类如下。

3.2.4.1 直接材料费用F

根据表3-2 重力驱动8字小车材料（配件）清单，该重力驱动8字小车样机试制直接材料费用为$F=163.2$元。

3.2.4.2 直接人工费用S

根据第2章表2-12成都市机械制造工人小时工资参考，制造重力驱动8字小车的直接人工工时费用$S=60$元。

3.2.4.3 制造费用M

根据第2章表2-13机床小时费率参考，计算得到重力驱动8字小车的制造费用$M=105$元。

3.2.4.4 总成本C

根据以上统计，重力驱动8字小车总成本为

$C=F+S+M=163.2+60+105=328.2$（元）

3.2.5 学生参与设计的内容及制作要求

① 每个成员的工作落实到位，各自的图纸准备完备，所需材料领用齐备，队长做好协调和检查工作。每个成

员根据自己承担的任务做出加工计划，列出进度表。

②零件的加工可参考样机实例推荐的加工工艺，但激光切割加工方式完成的零件不得超过总工作量的30%。

③认真分析每个零件的加工工艺流程，再通过实际加工过程进行反思和总结，最后书写前叉和底板的机械加工工艺过程卡。

④节约材料，充分利用中心的设备资源。耐心细致，多向现场指导教师请教，尽量降低零件的废品率。

⑤严格遵守工程训练中心的规章制度及设备操作规范，遇到突发事件立即关机、切断电源并报告现场指导教师。如需协调工作，则直接向自己的指导教师申请。

3.3 无碳智能越障小车设计与制作

3.3.1 命题描述

3.3.1.1 基本功能

设计一种小车，小车为三轮结构，其中一轮为转向轮，另外两轮为行进轮，允许两行进轮中的一个轮为从动轮。小车应具有赛道障碍识别、轨迹判断及自动转向功能和制动功能，这些功能可由机械或电控装置自动实现，不允许使用人工交互遥控。

小车驱动、行走及转向的能量是根据能量转换原理，由给定重力势能转换而得到的。该给定重力势能由竞赛时使用质量为1kg±5g的重锤获得，重锤统一提供，要求砝码的可下降高度为(400±2)mm，重锤由小车承载，不允许从小车上掉落，图3-5为无碳智能越障小车示意图。

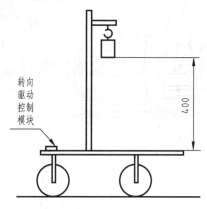

图3-5 无碳智能越障小车示意图

3.3.1.2 基本结构

①小车行进能量全部来自重锤的重力势能。

②小车为三轮结构，其中一个为转向轮。

③小车转向和刹车换挡（如果有）可由舵机或者电机提供动力。

3.3.1.3 基本条件

①重力势能一致，均由1kg指定重物下降400mm获得。

②小车在规定赛道上自行检测障碍进行壁障和上下坡。

3.3.1.4 比赛规则

①比赛次数为2次，每次调整和运行时间为5min，取2次中的最好成绩。

②比赛赛道障碍布置和起跑线位置均在比赛前告知。

③比赛时，选手有5min调试时间，5min后必须发车，发车由裁判使用挡块发车。

④小车起跑后，参赛队员不得触碰小车，直到小车自然停止。

⑤小车以行驶距离和绕障数量计分，总分进行排名，然后以名次计算最终分数，其公式为

$$比赛得分 = 100 - 40 \times \frac{名次 - 1}{总参赛队}$$

3.3.2 样机主要结构说明及加工工艺

3.3.2.1 样机爆炸图

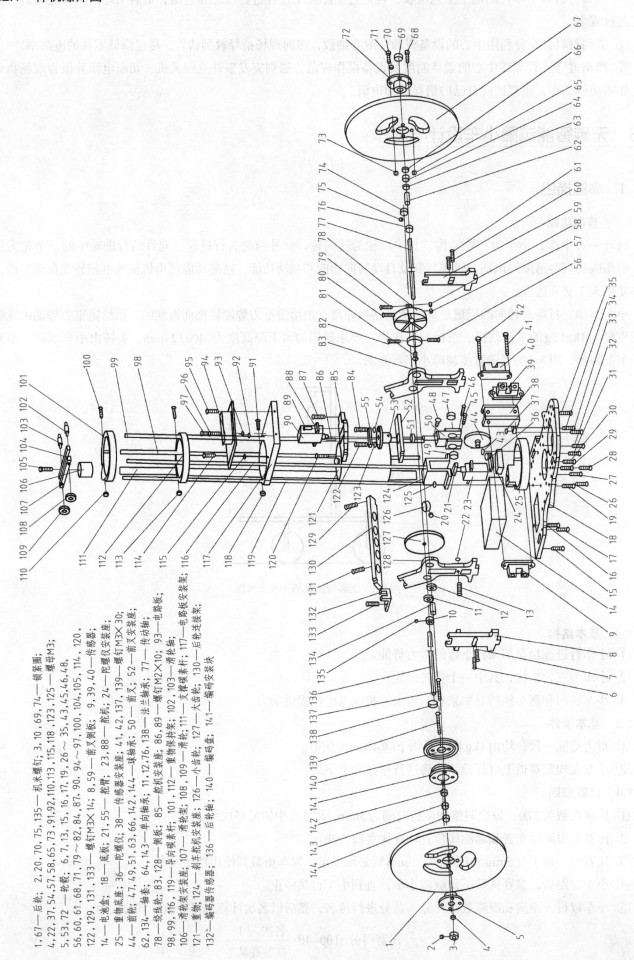

1,67——后称； 2,20,70,75,135——机米螺钉； 3,10,69,74——锁紧圈；
4,22,37,54,57,58,65,73,91,92,110,113,115,118,123,125——螺母M3；
5,53,72——垫载； 6,7,13,15,16,17,19,26~35,43,45,46,48，
56,60,61,68,71,79~82,84,87,90,94~97,100,104,105,114,120，
122,129,131,133——螺钉M3×14； 8,59——传感器； 9,39,40——传感器；
14——电池盒； 18——重物底盒； 21,55——舵腐； 23,88——舵机； 24——陀螺安装座；
25——重物底盒； 36——陀螺架； 38——传感器安装座； 41,42,137,139——螺钉M3×30；
44——前称架； 47,49,51,63,66,142,144——球轴承； 50——前叉； 52——前叉安装座；
62,134——轴套； 64,143——单向轴承； 11,12,76,138——法兰轴承； 77——传动轴；
78——绕线轮； 83,128——侧板； 85——舵机安装架； 86,89——重物保持架； 93——电路板；
98,99,116,119——导向素杆； 101,112——重物滑轮； 102,103——滑轮架；
106——滑轮架安装座； 107——滑轮安装座； 108,109——滑轮； 117——电路板安装架；
124——重物； 126——小齿轮； 127——大齿轮； 130——后轮连接架；
132——编码器传感器； 136——刹车机安装架； 140——后轮轴； 141——编码盘装块；

3.3.2.2 样机装配图

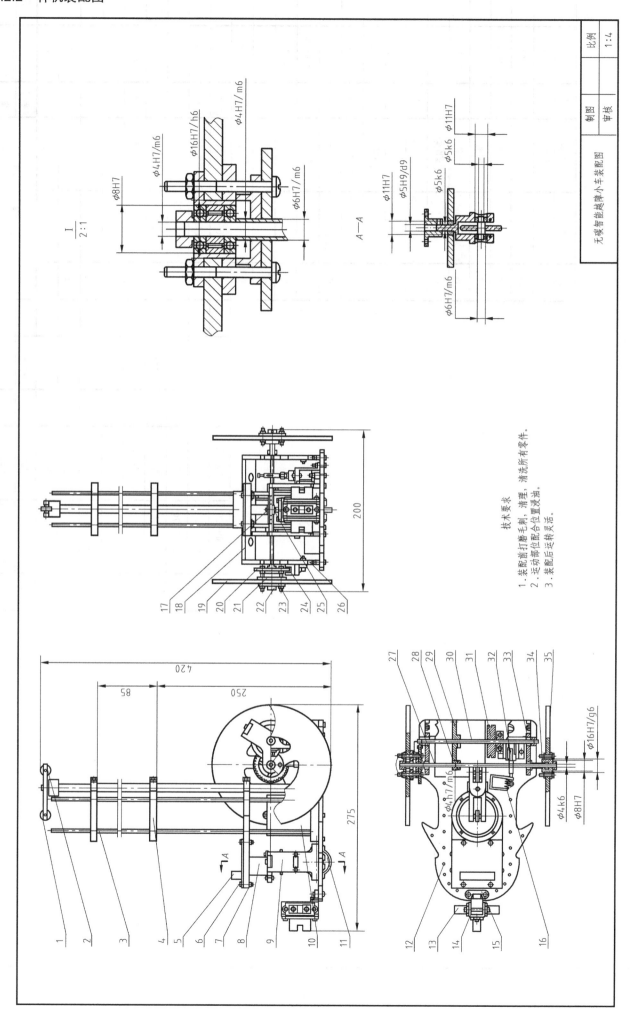

无碳智能越障小车装配图

序号	代号	名称	数量	材料	备注
35		单向轴承	2		
34	GB/T 309—2000	球轴承	8		
33	GB/T 276—2013	法兰轴承	4		
32	GB/T 276—2013	刹车件	1	2A12	
31		绕线环	1	ABS	
30		传动轴	1	304	
29		大齿轮	1	2A12	
28		小齿轮	1	2A12	
27		后轮轴	1	304	
26		侧板	2	有机玻璃	
25	GB/T 16938—2008	螺母M2	6	304	
24	LM393	编码器	1		
23		轮毂	2	2A12	
22		挡环	2	2A12	
21		连接套	1	2A12	
20		测速板	2	有机玻璃	
19		后轮	1	ABS	
18		支撑杆架	6	304	
17	GB/T 16938—2008	螺钉M2×10	1		
16	GY-2	陀螺仪	1		
15		传感器架	4	ABS	
14	GB/T 16938—2008	螺钉M3×30	3	304	
13	2Y0A02	传感器	1		
12		底板	1	有机玻璃	
11		前轮	1	2A12	
10		重物	1		
9		前叉支座	1	2A12	
8	MG90S	舵机	2		
7	GB/T 16938—2008	螺母M3	41	304	
6	GB/T 16938—2008	螺钉M3×14	37	304	
5	ATmega16	单片机	1		
4		支撑环	3	ABS	
3		立杆	5	碳素杆	
2		滑轮架	1	2A12	
1		滑套	2	2A12	

比例 4:1　制图　审核

3.3.2.3　样机零件图

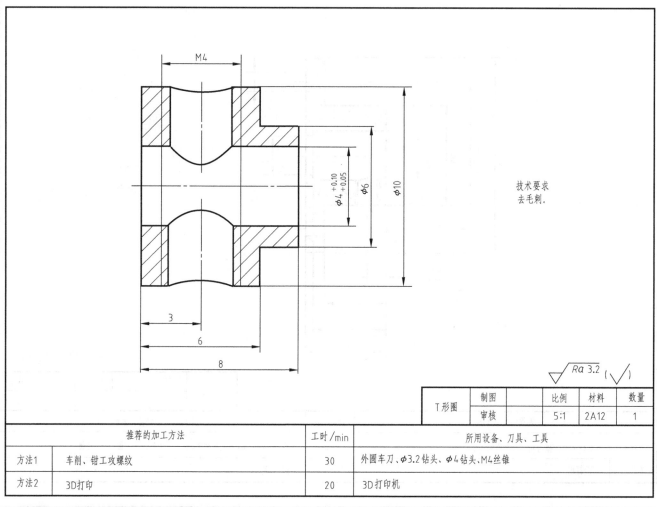

T形圈	制图		比例	材料	数量
	审核		5:1	2A12	1

	推荐的加工方法	工时/min	所用设备、刀具、工具
方法1	车削、钳工攻螺纹	30	外圆车刀、φ3.2钻头、φ4钻头、M4丝锥
方法2	3D打印	20	3D打印机

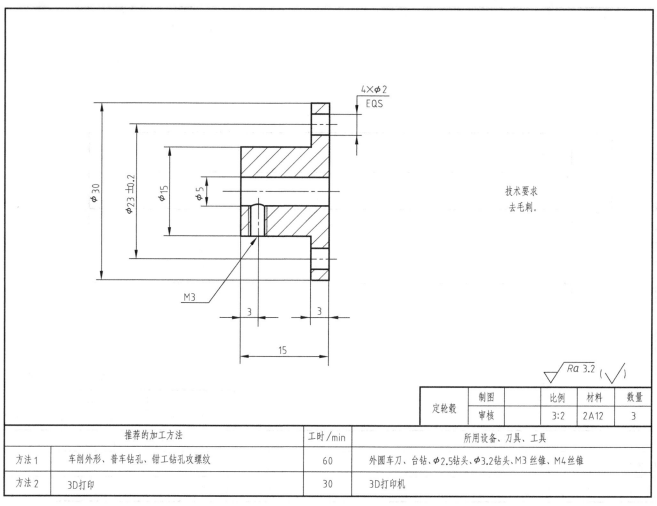

定轮毂	制图		比例	材料	数量
	审核		3:2	2A12	3

	推荐的加工方法	工时/min	所用设备、刀具、工具
方法1	车削外形、普车钻孔、钳工钻孔攻螺纹	60	外圆车刀、台钻、φ2.5钻头、φ3.2钻头、M3丝锥、M4丝锥
方法2	3D打印	30	3D打印机

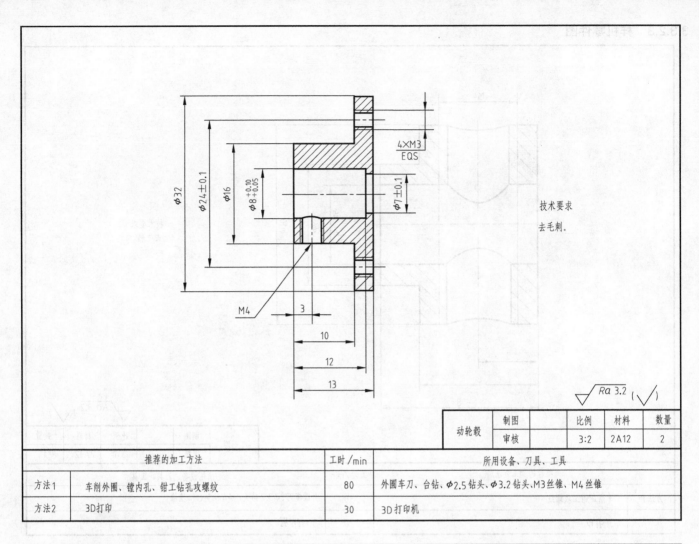

技术要求
去毛刺.

$\sqrt{Ra\,3.2}$ ($\sqrt{}$)

动轮毂	制图		比例	材料	数量
	审核		3:2	2A12	2

	推荐的加工方法	工时/min	所用设备、刀具、工具
方法1	车削外圈、镗内孔、钳工钻孔攻螺纹	80	外圆车刀、台钻、Φ2.5钻头、Φ3.2钻头、M3丝锥、M4丝锥
方法2	3D打印	30	3D打印机

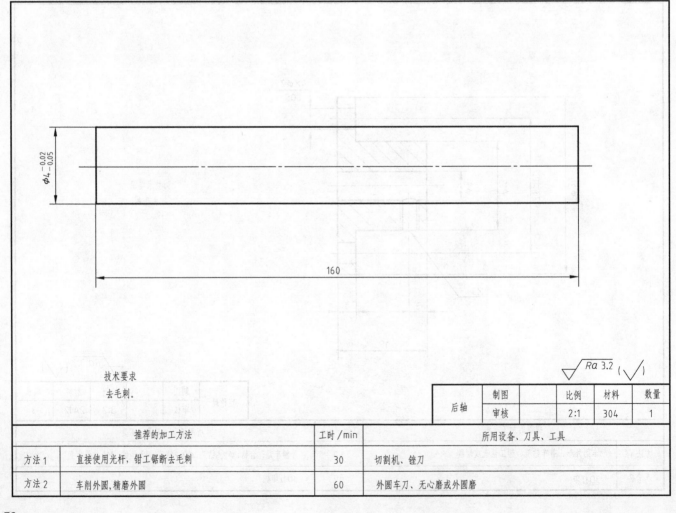

技术要求
去毛刺.

$\sqrt{Ra\,3.2}$ ($\sqrt{}$)

后轴	制图		比例	材料	数量
	审核		2:1	304	1

	推荐的加工方法	工时/min	所用设备、刀具、工具
方法1	直接使用光杆，钳工锯断去毛刺	30	切割机、锉刀
方法2	车削外圆，精磨外圆	60	外圆车刀、无心磨或外圆磨

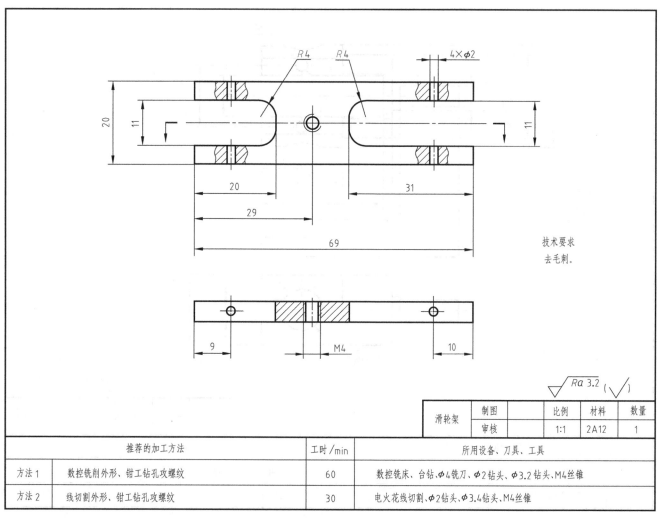

技术要求

去毛刺.

$\sqrt{\frac{Ra\ 3.2}{}}(\sqrt{})$

滑轮架	制图		比例	材料	数量
	审核		1:1	2A12	1

	推荐的加工方法	工时/min	所用设备、刀具、工具
方法1	数控铣削外形、钳工钻孔攻螺纹	60	数控铣床、台钻、φ4铣刀、φ2钻头、φ3.2钻头、M4丝锥
方法2	线切割外形、钳工钻孔攻螺纹	30	电火花线切割、φ2钻头、φ3.4钻头、M4丝锥

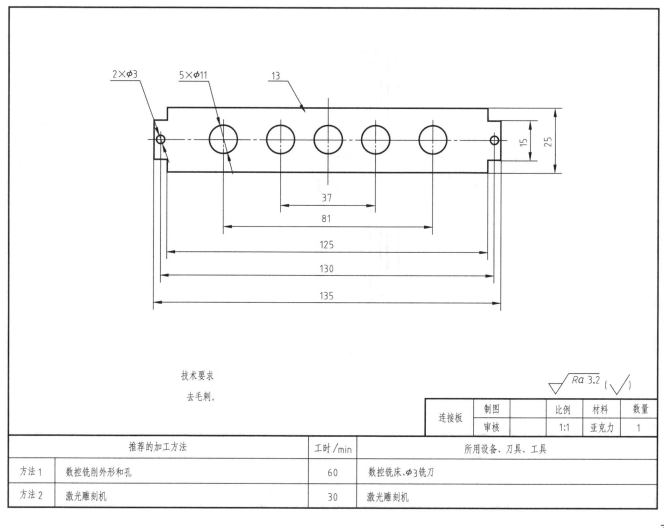

技术要求

去毛刺.

$\sqrt{\frac{Ra\ 3.2}{}}(\sqrt{})$

连接板	制图		比例	材料	数量
	审核		1:1	亚克力	1

	推荐的加工方法	工时/min	所用设备、刀具、工具
方法1	数控铣削外形和孔	60	数控铣床、φ3铣刀
方法2	激光雕刻机	30	激光雕刻机

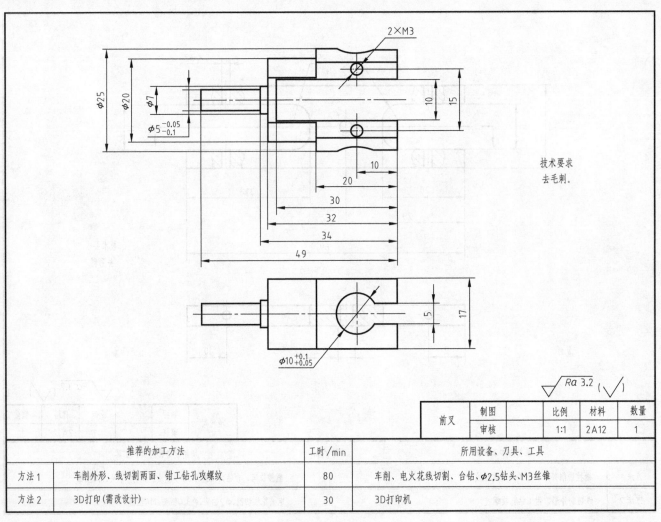

技术要求
去毛刺.

前叉	制图		比例	材料	数量
	审核		1:1	2A12	1

	推荐的加工方法	工时/min	所用设备、刀具、工具
方法1	车削外形、线切割两面、钳工钻孔攻螺纹	80	车削、电火花线切割、台钻、φ2.5钻头、M3丝锥
方法2	3D打印(需改设计)	30	3D打印机

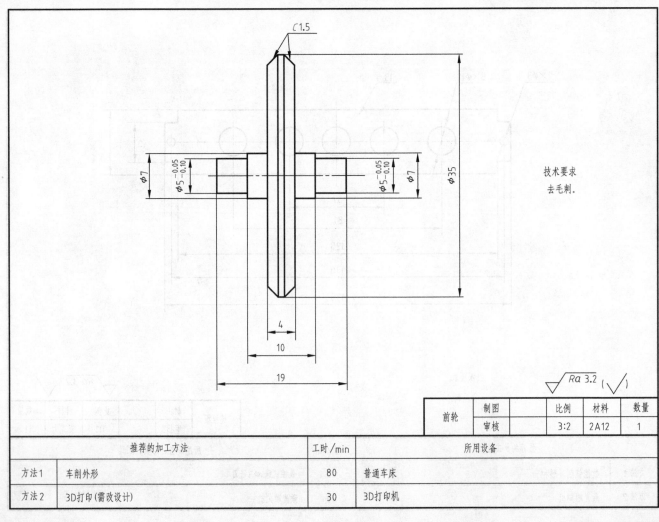

技术要求
去毛刺.

前轮	制图		比例	材料	数量
	审核		3:2	2A12	1

	推荐的加工方法	工时/min	所用设备
方法1	车削外形	80	普通车床
方法2	3D打印(需改设计)	30	3D打印机

3.3.3 材料需求

表3-3 无碳智能越障小车材料（配件）清单

序号	材料(配件)名称	规格型号	数量	单价	金额/元	备注
1	亚克力板	t3×540×280	0.135m²	150元/m²	20.3	
2	铝板	t4×30×100	0.032kg	40元/kg	1.3	
3	铝棒	φ40×100	0.339kg	40元/kg	13.6	
4	铝棒	φ10×30	0.006kg	40元/kg	0.2	
5	光杆	φ4	0.4m	12元/m	4.8	
6	碳素杆	φ10×500	0.5m	16元/m	0.8	
7	碳素杆	φ4×500	0.5m	5元/m	2.5	
8	轴承	F685ZZ	12个	7.8元/个	93.6	
9	舵机	SG90	2个	9元/个	18.0	
10	电控板	—	1个	200元/个	200.0	
11	ABS丝	φ1.75	0.25kg	50元/kg	12.5	
材料费用(F)合计/元					374.8	
12	钻头	φ2.5	10支	0.7元/支	7	
13	钻头	φ3	10支	0.7元/支	7	
14	钻头	φ3.4	10支	0.7元/支	7	
15	丝锥	M4	5支	9元/支	45	
16	丝锥	M3	5支	9元/支	45	
刀具、工具费用合计/元					111	

注：材料价格参照第2章表2-11材料参考价格，刀具、工具费用不计入成本分析。

3.3.4 成本核算

此处仅核算样机试制的成本，为学生选题和教师指导提供参考。该无碳智能越障小车样机的成本主要包含直接材料费用、直接人工费用和制造费用，其分类如下。

3.3.4.1 直接材料费用 F

根据表3-3无碳智能越障小车材料（配件）清单，该无碳智能越障小车样机试制直接材料费用为F=374.8元。

3.3.4.2 直接人工费用 S

根据第2章表2-12成都市机械制造工人小时工资参考，制造小车的直接人工工时费用S=240元。

3.3.4.3 制造费用 M

根据第2章表2-13机床小时费率参考，计算得到小车的制造费用M=220元。

3.3.4.4 总成本 C

根据以上统计，无碳智能越障小车总成本为

$$C=F+S+M=374.8+240+220=834.8（元）$$

3.3.5 学生参与设计的内容及制作要求

3.3.5.1 自主设计要求

在规定要求之外，学生可自行设计以下几点。
① 不同传感器选择和布局。
② 传动方式的选择。
③ 程序算法。

3.3.5.2 制作要求

① 小车零件的加工可参考样机实例推荐的加工工艺，但激光切割加工方式完成的零件不得超过总工作量的30%。
② 认真分析每个零件的加工工艺流程，再通过实际加工过程进行反思和总结，最后书写小车的机械加工工艺过程卡。

3.4 活塞水泵设计与制作

3.4.1 命题描述

扫描二维码查看视频。

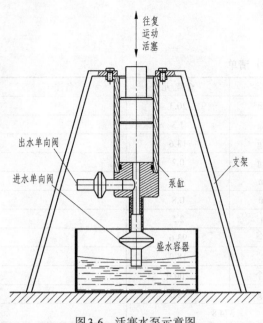

图3-6 活塞水泵示意图

3.4.1.1 基本功能

在给定条件下，设计一种往复式活塞泵进行泵水比赛，如图3-6所示，利用机械机构驱动活塞在泵缸内往复运动，再配合进出水单向阀达到泵水的目的。

3.4.1.2 基本结构

① 活塞水泵由泵缸、活塞、进水单向阀、出水单向阀、驱动活塞往复运动的机构和支架等几部分构成。

② 泵缸由支架支撑于盛水容器上方，布置形式可采用立式或卧式。

3.4.1.3 基本条件

① 驱动活塞往复运动的机构由学生自主设计，泵水所需的能量由人力提供，不可采用其他形式的动力，如本案例样机为一种手动活塞泵，采用了曲柄滑块机构实现活塞的往复运动。

② 泵缸的内径和活塞往复行程由学生自主确定，但泵缸外径不得大于 ϕ35mm。

③ 活塞必须为金属材料，不得采用木材、橡胶或塑料，活塞与泵缸之间不得采用O形密封圈进行密封。

3.4.1.4 比赛规则

① 比赛时统一提供城市自来水、盛水容器、计时秒表和精密电子秤（精度为0.1g）。

② 比赛次数为2次，每次调整时间为3min，运行时间为1min，取2次中最好成绩，每次比赛结束，须用毛巾将盛泵出水的容器擦干。

③ 每次活塞水泵工作1min时，立即取出盛泵出水的容器，之后对泵出水进行称重并记录，最后按质量由小到大进行排名，由名次计算比赛得分，其公式为

$$比赛得分 = 100 - 40 \times \frac{名次-1}{总参赛队}$$

④ 比赛超时成绩无效，比赛成绩计入综合实训成绩。

⑤ 成立竞赛组委会。成立专门的组委会运行该项赛事。

3.4.2 样机主要结构说明及加工工艺

3.4.2.1 样机爆炸图

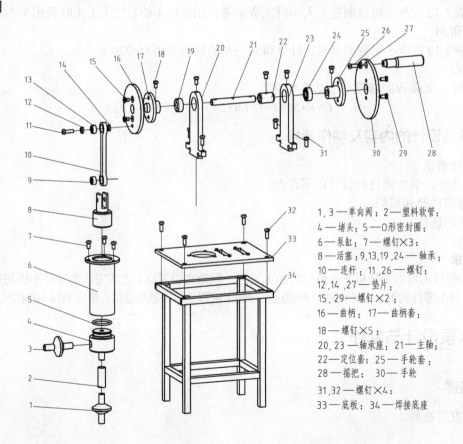

1, 3—单向阀；2—塑料软管；
4—堵头；5—O形密封圈；
6—泵缸；7—螺钉×3；
8—活塞；9,13,19,24—轴承；
10—连杆；11,26—螺钉；
12,14,27—垫片；
15,29—螺钉×2；
16—曲柄；17—曲柄套；
18—螺钉×5；
20,23—轴承座；21—主轴；
22—定位套；25—手轮套；
28—摇把；30—手轮
31,32—螺钉×4；
33—底板；34—焊接底座

3.4.2.2　样机装配图

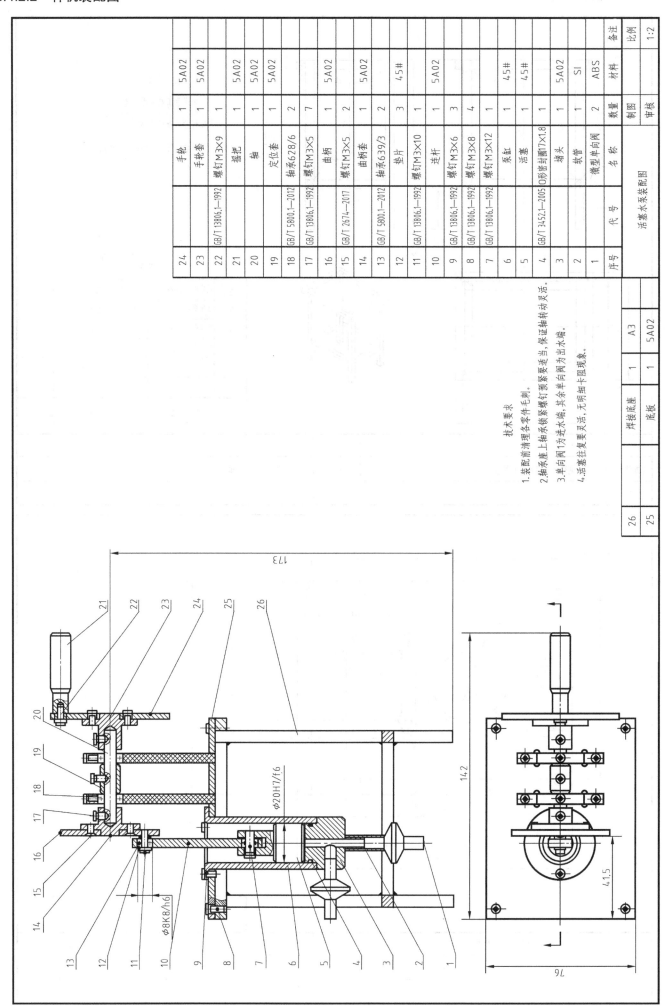

序号	代号	名称	数量	材料	备注
26		焊接底座	1	A3	
25		底板	1	5A02	
24		手轮	1	5A02	
23		手轮套	1	5A02	
22	GB/T 13806.1-1992	螺钉M3×9	1	5A02	
21		摇把	1	5A02	
20		轴	1	5A02	
19		定位套	1	5A02	
18	GB/T 5800.1-2012	轴承628/6	2		
17	GB/T 13806.1-1992	螺钉M3×5	7		
16		曲柄	1	5A02	
15	GB/T 13806.1-1992	螺钉M3×5	2		
14		曲柄套	1	5A02	
13	GB/T 2674-2017	轴承639/3	2		
12		垫片	3	45#	
11	GB/T 5800.1-2012	连杆	1	5A02	
10	GB/T 13806.1-1992	螺钉M3×10	1		
9	GB/T 13806.1-1992	螺钉M3×6	3		
8	GB/T 13806.1-1992	螺钉M3×8	4		
7	GB/T 13806.1-1992	螺钉M3×12	1		
6		泵缸	1	45#	
5		活塞	1	45#	
4	GB/T 3452.1-2005	O形密封圈7×1.8	1	5A02	
3		堵头	1	SI	
2		软管	1	ABS	
1		微型单向阀	2		

活塞水泵装配图

比例 1:2　制图　审核

技术要求

1. 装配前清理各零件毛刺。
2. 轴承座上轴承紧螺钉顶紧要适当,保证轴转动灵活。
3. 单向阀阀1为进水端,其余单向阀为出水端。
4. 活塞往复要灵活,无明显卡阻现象。

Φ20H7/f6　Φ8K8/h6

173　142　41.5　96

A3　5A02

3.4.2.3 样机零件图

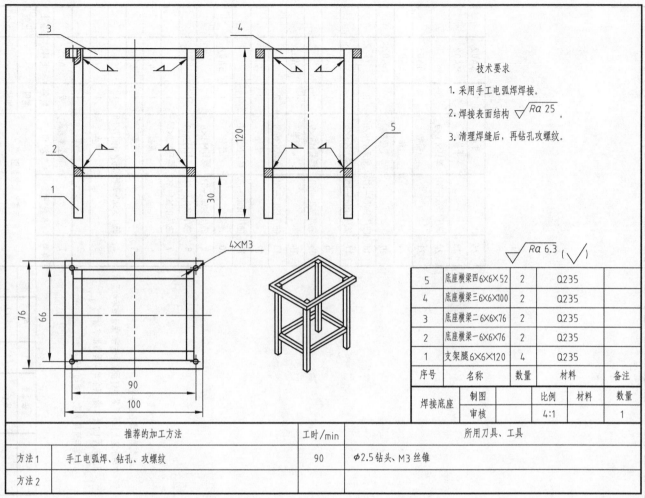

技术要求

1. 采用手工电弧焊焊接。

2. 焊接表面结构 $\sqrt{Ra\ 25}$。

3. 清理焊缝后，再钻孔攻螺纹。

$\sqrt{Ra\ 6.3}\ (\checkmark)$

5	底座横梁四 6×6×52	2	Q235	
4	底座横梁三 6×6×100	2	Q235	
3	底座横梁二 6×6×76	2	Q235	
2	底座横梁一 6×6×76	2	Q235	
1	支架腿 6×6×120	4	Q235	
序号	名称	数量	材料	备注

焊接底座	制图		比例	材料	数量
	审核		4:1		1

	推荐的加工方法	工时/min	所用刀具、工具
方法1	手工电弧焊、钻孔、攻螺纹	90	φ2.5钻头、M3丝锥
方法2			

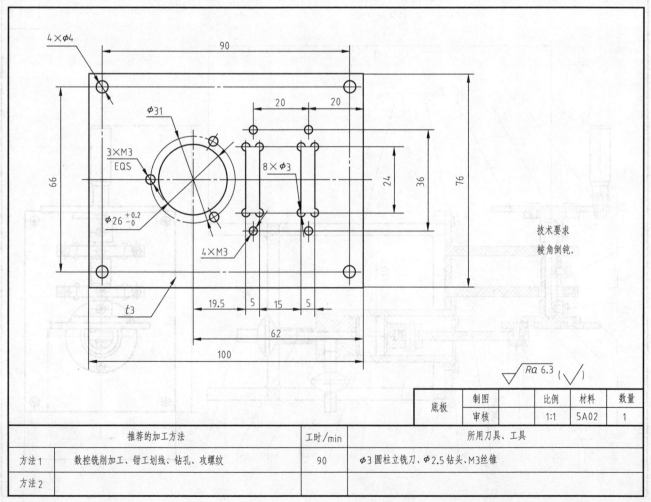

技术要求

棱角倒钝。

$\sqrt{Ra\ 6.3}\ (\checkmark)$

底板	制图		比例	材料	数量
	审核		1:1	5A02	1

	推荐的加工方法	工时/min	所用刀具、工具
方法1	数控铣削加工、钳工划线、钻孔、攻螺纹	90	φ3圆柱立铣刀、φ2.5钻头、M3丝锥
方法2			

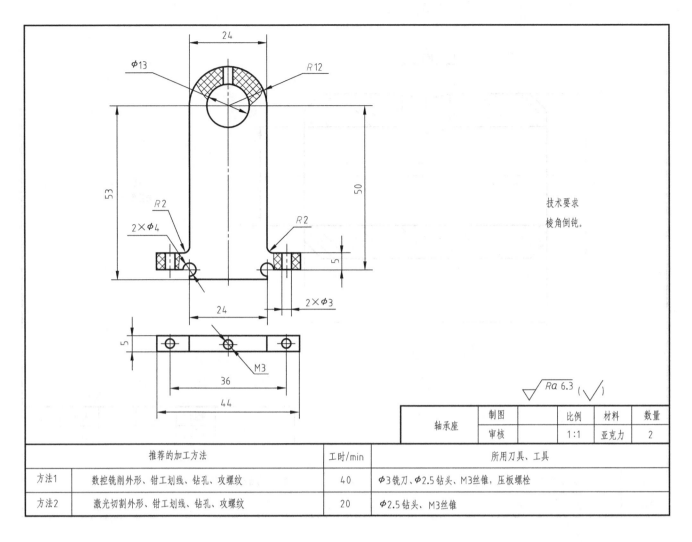

技术要求
棱角倒钝。

$\sqrt{Ra\ 6.3}\ (\sqrt{\ })$

轴承座	制图		比例	材料	数量
	审核		1:1	亚克力	2

	推荐的加工方法	工时/min	所用刀具、工具
方法1	数控铣削外形、钳工划线、钻孔、攻螺纹	40	Φ3铣刀、Φ2.5钻头、M3丝锥、压板螺栓
方法2	激光切割外形、钳工划线、钻孔、攻螺纹	20	Φ2.5钻头、M3丝锥

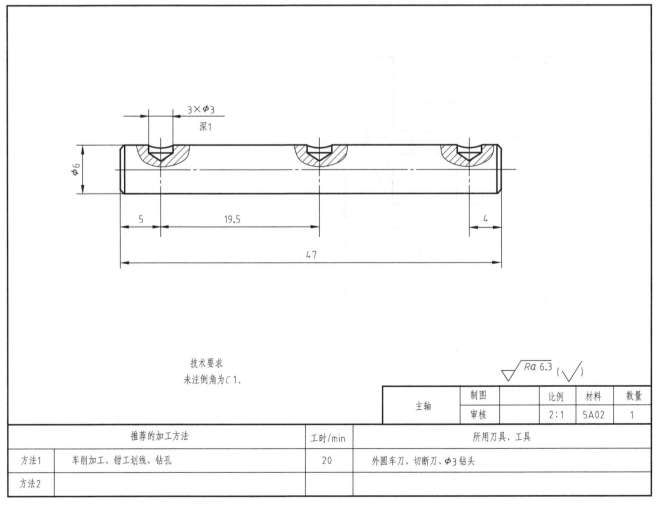

技术要求
未注倒角为C1。

$\sqrt{Ra\ 6.3}\ (\sqrt{\ })$

主轴	制图		比例	材料	数量
	审核		2:1	5A02	1

	推荐的加工方法	工时/min	所用刀具、工具
方法1	车削加工、钳工划线、钻孔	20	外圆车刀、切断刀、Φ3钻头
方法2			

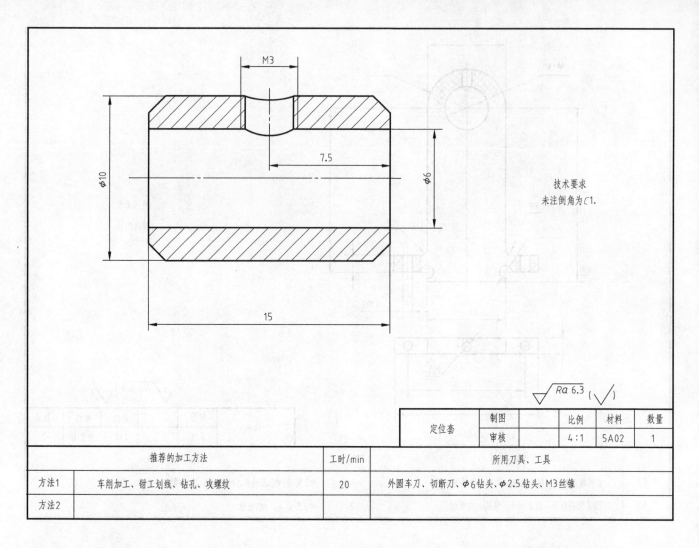

技术要求
未注倒角为C1.

$\sqrt{Ra\ 6.3}$ ($\sqrt{}$)

	定位套	制图		比例	材料	数量
		审核		4:1	5A02	1

	推荐的加工方法	工时/min	所用刀具、工具
方法1	车削加工、钳工划线、钻孔、攻螺纹	20	外圆车刀、切断刀、ϕ6钻头、ϕ2.5钻头、M3丝锥
方法2			

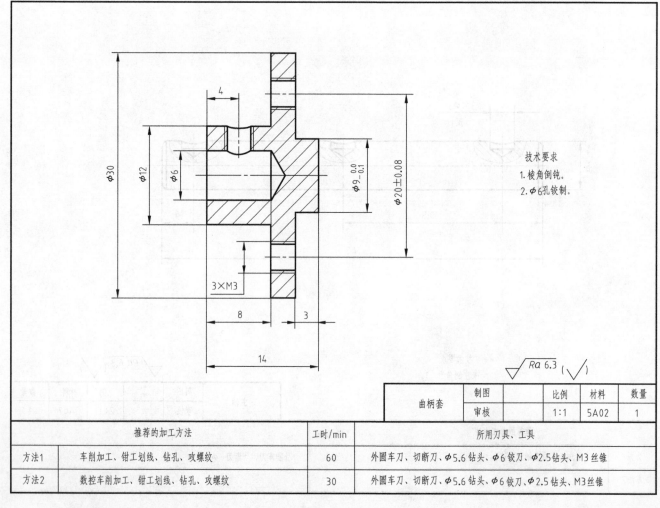

技术要求
1. 棱角倒钝。
2. ϕ6孔铰制。

$\sqrt{Ra\ 6.3}$ ($\sqrt{}$)

	曲柄套	制图		比例	材料	数量
		审核		1:1	5A02	1

	推荐的加工方法	工时/min	所用刀具、工具
方法1	车削加工、钳工划线、钻孔、攻螺纹	60	外圆车刀、切断刀、ϕ5.6钻头、ϕ6铰刀、ϕ2.5钻头、M3丝锥
方法2	数控车削加工、钳工划线、钻孔、攻螺纹	30	外圆车刀、切断刀、ϕ5.6钻头、ϕ6铰刀、ϕ2.5钻头、M3丝锥

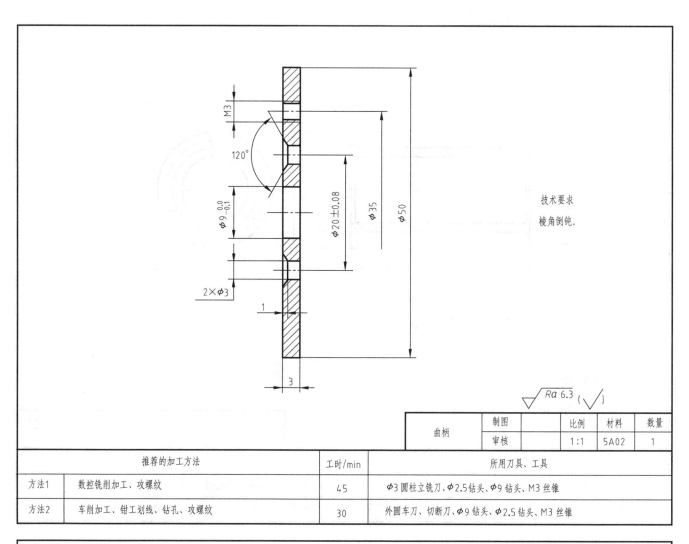

技术要求
棱角倒钝.

$$\sqrt{Ra\ 6.3}\ (\sqrt{\ })$$

曲柄	制图		比例	材料	数量
	审核		1:1	5A02	1

推荐的加工方法		工时/min	所用刀具、工具
方法1	数控铣削加工、攻螺纹	45	ϕ3圆柱立铣刀、ϕ2.5钻头、ϕ9钻头、M3丝锥
方法2	车削加工、钳工划线、钻孔、攻螺纹	30	外圆车刀、切断刀、ϕ9钻头、ϕ2.5钻头、M3丝锥

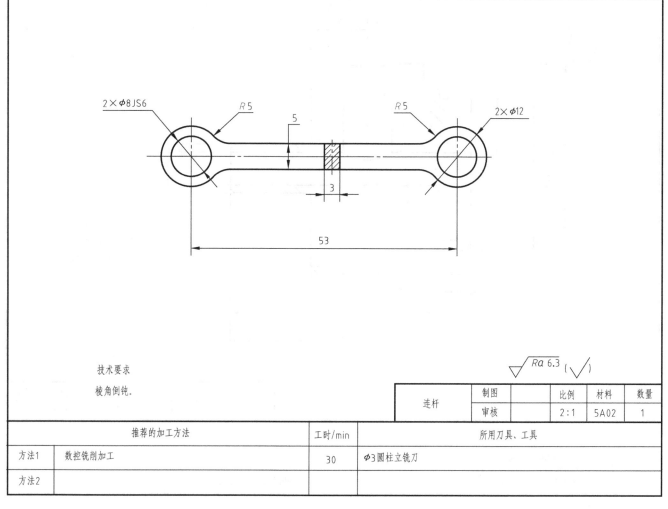

技术要求
棱角倒钝.

$$\sqrt{Ra\ 6.3}\ (\sqrt{\ })$$

连杆	制图		比例	材料	数量
	审核		2:1	5A02	1

推荐的加工方法		工时/min	所用刀具、工具
方法1	数控铣削加工	30	ϕ3圆柱立铣刀
方法2			

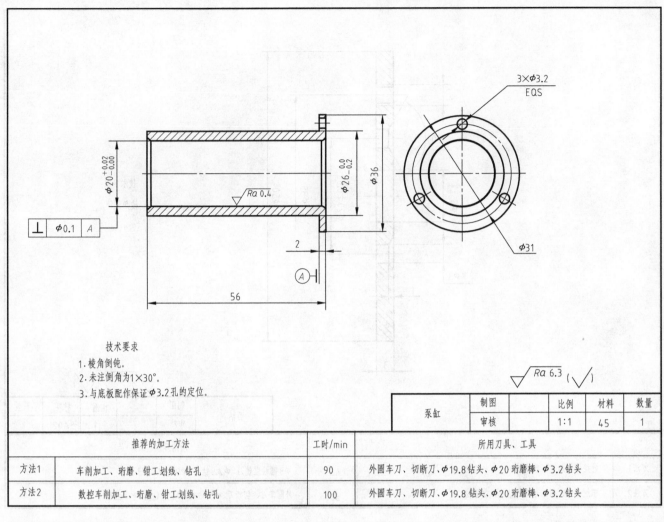

技术要求
1. 棱角倒钝。
2. 未注倒角为1×30°。
3. 与底板配作保证 $\phi3.2$ 孔的定位。

$\sqrt{Ra\ 6.3}$ ($\sqrt{}$)

泵缸	制图		比例	材料	数量
	审核		1:1	45	1

	推荐的加工方法	工时/min	所用刀具、工具
方法1	车削加工、珩磨、钳工划线、钻孔	90	外圆车刀、切断刀、ϕ19.8钻头、ϕ20珩磨棒、ϕ3.2钻头
方法2	数控车削加工、珩磨、钳工划线、钻孔	100	外圆车刀、切断刀、ϕ19.8钻头、ϕ20珩磨棒、ϕ3.2钻头

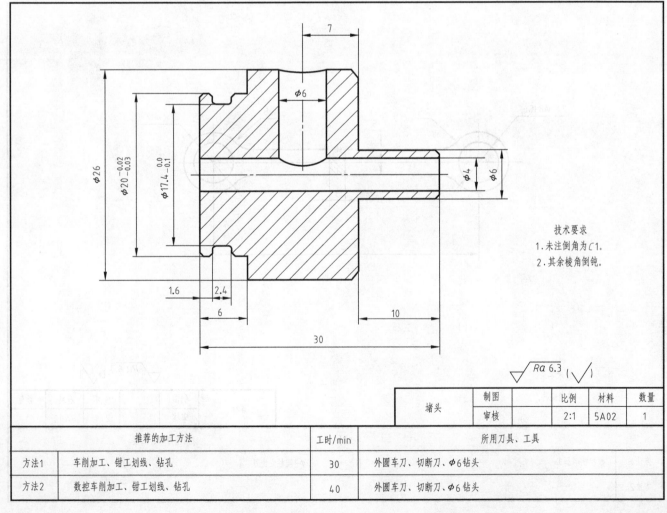

技术要求
1. 未注倒角为 $C1$ 。
2. 其余棱角倒钝。

$\sqrt{Ra\ 6.3}$ ($\sqrt{}$)

堵头	制图		比例	材料	数量
	审核		2:1	5A02	1

	推荐的加工方法	工时/min	所用刀具、工具
方法1	车削加工、钳工划线、钻孔	30	外圆车刀、切断刀、ϕ6钻头
方法2	数控车削加工、钳工划线、钻孔	40	外圆车刀、切断刀、ϕ6钻头

3.4.3 材料需求

表3-4 活塞水泵材料（配件）清单

序号	材料（配件）名称	规格型号	数量	单价	金额/元	备注
1	铝板	$t3×120×150$	0.146kg	40元/kg	5.8	
2	铝棒	$\phi10×100$	0.021kg	40元/kg	0.8	
3	铝棒	$\phi15×80$	0.038kg	40元/kg	1.5	
4	铝棒	$\phi30×100$	0.191kg	40元/kg	7.6	
5	圆钢	$\phi40×80$	0.789kg	5元/kg	3.9	
6	圆钢	$\phi25×60$	0.231kg	5元/kg	1.2	
7	亚克力	$t5×100×100$	0.01m²	250元/m²	2.5	
8	冷拉方钢	6×6×600	1m	10元/m	10.0	
9	单向阀	$\phi6$管径	2个	2元/个	4.0	塑料
10	轴承	6×13×5	2个	8元/个	16.0	
11	轴承	3×8×3	2个	12元/个	24.0	
12	O形圈	1.8×17	1支	2元/支	2.0	
材料费用（F）合计/元					79.4	
13	钻头	$\phi2.5$支	5	0.7元/支	3.5	
14	钻头	$\phi3$支	5	0.7元/支	3.5	
15	钻头	$\phi6$支	5	4元/支	20	
16	丝锥	M4支	5	9元/支	45	
17	丝锥	M3支	5	9元/支	45	
18	铰刀	$\phi18×24$把	5	24元/把	120	可调式
19	珩磨棒	$\phi18×25$把	5	40元/把	200	可调式
刀具、工具费用合计/元					437	

注：材料价格参照第2章表2-11材料参考价格，刀具、工具费用不计入成本分析。

3.4.4 成本核算

此处仅核算样机试制的成本，为学生选题和教师指导提供参考。该活塞水泵样机的成本主要包含直接材料费用、直接人工费用和制造费用，其分类如下。

3.4.4.1 直接材料费用F

根据表3-4活塞水泵材料（配件）清单，该活塞水泵样机试制直接材料费用为$F=79.4$元。

3.4.4.2 直接人工费用S

根据第2章表2-12成都市机械制造工人小时工资参考，制造活塞水泵的直接人工工时费用$S=253$元。

3.4.4.3 制造费用M

根据第2章表2-13机床小时费率参考，计算得到活塞水泵的制造费用$M=345$元。

3.4.4.4 总成本C

根据以上统计，活塞水泵总成本为

$$C=F+S+M=79.4+345+253=677.4（元）$$

3.4.5 学生参与设计的内容及制作要求

3.4.5.1 自主设计要求

学生设计的活塞水泵应达到命题规定的基本结构、基本条件和比赛规则要求，总体结构形式可参照本命题实例的样机，但以下几个方面需自主设计。

① 实现活塞往复运动的机构要学生自行选定和设计，例如可以采用凸轮机构、正弦机构、齿轮齿条机构等。

② 泵缸的直径，活塞与泵缸的配合间隙，活塞往复的行程由学生自行计算或查找资料确定。

③ 活塞水泵所有零件之间的连接、定位要合理，不得采用胶接。

④ 设计时要考虑材料和工艺对成本的影响，力求经济。

⑤ 每3个学生为一组，任务分解到位，共同完成活塞水泵的设计、制作和比赛。

3.4.5.2 制作要求

① 活塞水泵零件的加工可参考样机实例推荐的加工工艺，但由激光切割加工完成的零件不得超过总工作量的30%。

② 活塞水泵的底座必须采用焊接加工，底板必须采用普铣加工，但所有零件的加工必须能涉及普车、普铣、数铣、焊接、钳工5个工种，其余加工工种不限定。

③ 认真分析每个零件的加工工艺流程，再通过实际加工过程进行反思和总结，最后书写泵缸的机械加工工艺过程卡。

3.5 定点发球装置设计与制作

3.5.1 命题描述

3.5.1.1 基本功能

在给定的条件下，设计一个发球装置，能定点发射小球到指定的容器内，比赛其准确程度，如图3-7所示。

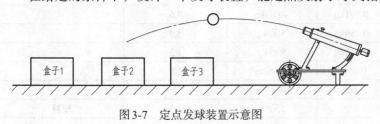

图3-7 定点发球装置示意图

3.5.1.2 基本结构

① 该装置采用弹簧发射塑料小球，由底座、击球装置和导向筒等几部分构成。

② 该装置有两个可转动的轮子，方便移动，其轴和轮毂的连接需有合理的定位结构。

③ 该装置需设计可调的机构，以便调整发球的角度和距离。

3.5.1.3 基本条件

① 统一用压簧发射小球，规格为$\phi 1 \times 10mm \times 100mm \times 20N$，不得采用其他能量形式。

② 统一提供塑料球直径为10mm，不得采用其他物品为投掷物。

③ 整个装置尺寸不得超过250mm×100mm×200mm。

3.5.1.4 比赛规则

① 3名同学组成一个团队，按命题给定的条件设计和制作一个发球装置进行比赛。比赛时将装置安放于发球线以外进行发球，在距发球线5m处有一前一后各3组盒子（相隔1m），如图3-7所示，小球落于盒子1内得4分，盒子2内得6分，盒子3内得4分，发射行程超过1m，但落于其他区域得2分，发射行程不足1m得0分。每个小组3次机会累计评分，每次发球给2min时间调整，超时当次发球无成绩，发球时需采用机械机构释放弹簧，若用手拉住弹簧发射，在发球得分基础上扣除1分，直至0分。

② 比赛时提供标准小球，发球位置自定，但必须在发球线以外，发球线与盒子的垂直落差为800mm。

③ 盒子统一采用500mm×400mm×150mm的木箱，每组3个平行于发球线横向放置，小球落于同组盒子的分值相同。

④ 比赛总成绩计入综合实训成绩。根据比赛得分（发球分+有效行程得分）计算各参赛队的名次，从而计算出各队的成绩=100-40×（名次-1）/总参赛队。

3.5.2 样机主要结构说明及加工工艺

3.5.2.1 样机爆炸图

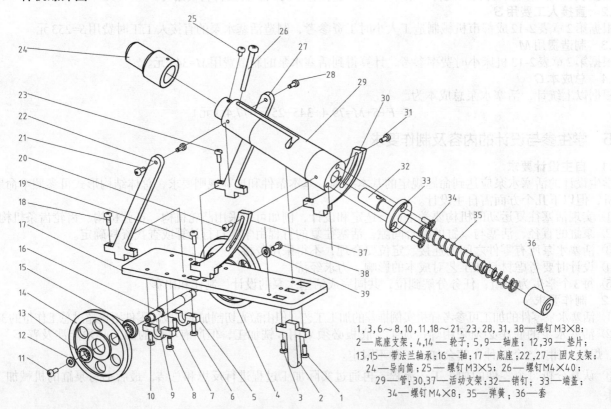

1，3，6~8，10，11，18~21，23，28，31，38—螺钉M3×8；
2—底座支架；4，14—轮子；5，9—轴座；12，39—垫片；
13，15—带法兰轴承；16—轴；17—底座；22，27—固定支架；
24—导向筒；25—螺钉M3×5；26—螺钉M4×40；
29—管；30，37—活动支架；32—销钉；33—端盖；
34—螺钉M4×8；35—弹簧；36—套

3.5.2.2 样机装配图

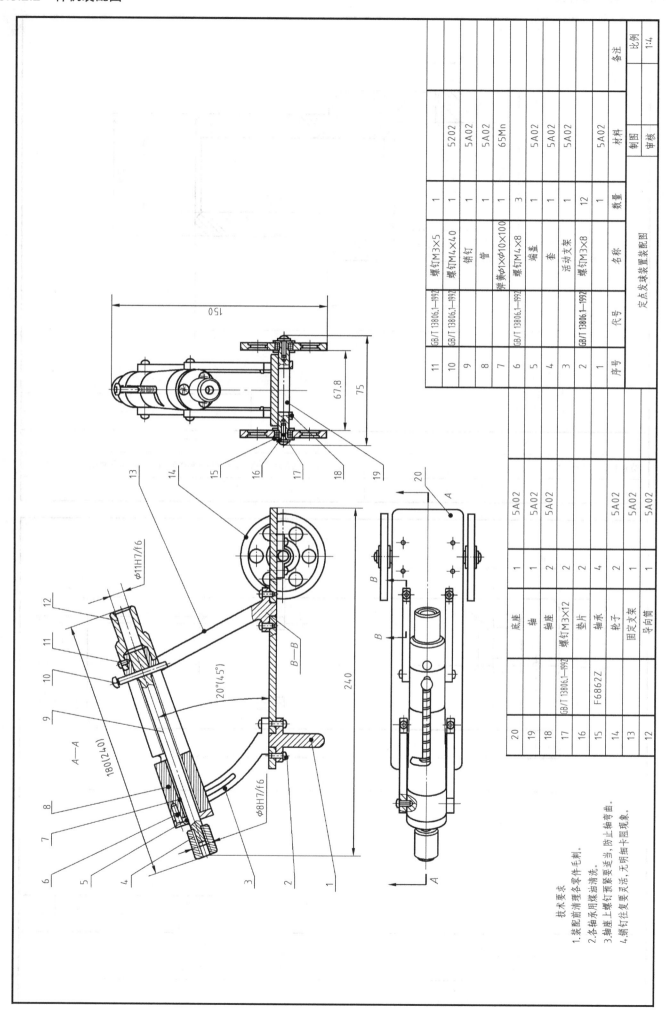

技术要求
1. 装配前清理各零件毛刺。
2. 各轴承用煤油清洗。
3. 轴座上螺钉预紧要适当，防止轴弯曲。
4. 销钉往复要灵活，无明显卡阻现象。

序号	代号	名称	数量	材料	备注
11	GB/T 13806.1—1992	螺钉M3×5	1		
10	GB/T 13806.1—1992	螺钉M4×4.0	1	5202	
9		销钉	1	5A02	
8		管	1	5A02	
7		弹簧φ1×φ10×100	1	65Mn	
6	GB/T 13806.1—1992	螺钉M4×8	3		
5		端盖	1	5A02	
4		活动支架	1	5A02	
2	GB/T 13806.1—1992	螺钉M3×8	12	5A02	
1		套	1	5A02	

定点发球装置装配图

比例 1:4

制图

审核

20		底座	1	5A02	
19		轴	1	5A02	
18		轴座	2	5A02	
17	GB/T 13806.1—1992	螺钉M3×12	2		
16		垫片	2		
15	F6862Z	轴承	4		
14		轮子	2	5A02	
13		固定支架	1	5A02	
12		导向筒	1	5A02	

φ11H7/f6

φ8H7/f6

20°(4.5°)

180(240)

A—A

B—B

150

67.8

75

240

3.5.2.3 样机零件图

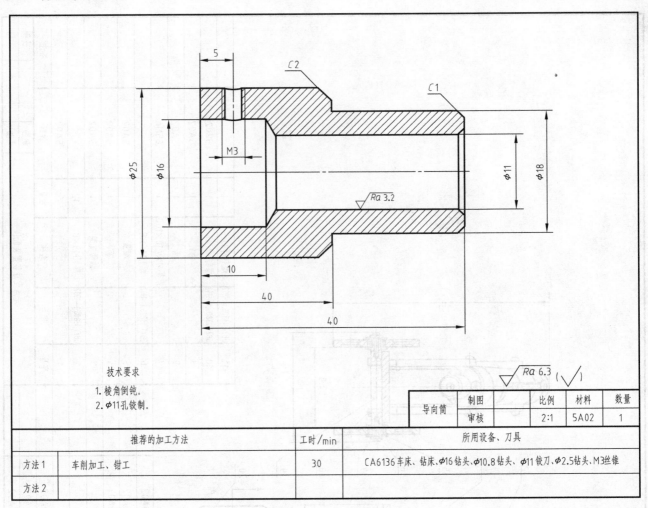

技术要求

1. 棱角倒钝。
2. φ11孔铰制。

导向筒	制图		比例	材料	数量
	审核		2:1	5A02	1

	推荐的加工方法	工时/min	所用设备、刀具
方法1	车削加工、钳工	30	CA6136车床、钻床、φ16钻头、φ10.8钻头、φ11铰刀、φ2.5钻头、M3丝锥
方法2			

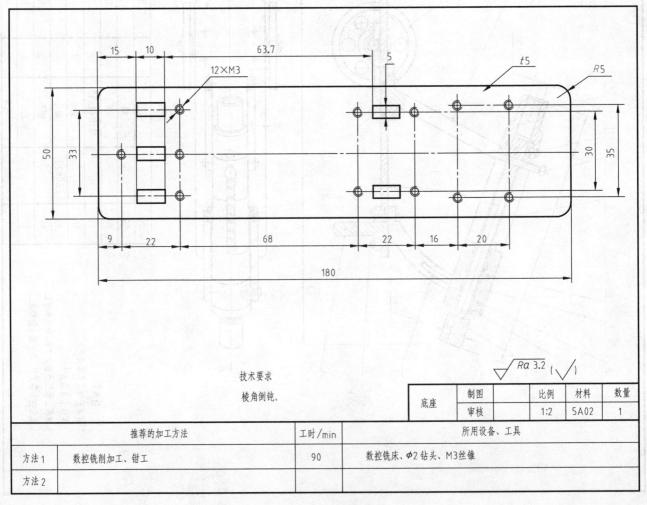

技术要求

棱角倒钝。

底座	制图		比例	材料	数量
	审核		1:2	5A02	1

	推荐的加工方法	工时/min	所用设备、工具
方法1	数控铣削加工、钳工	90	数控铣床、φ2钻头、M3丝锥
方法2			

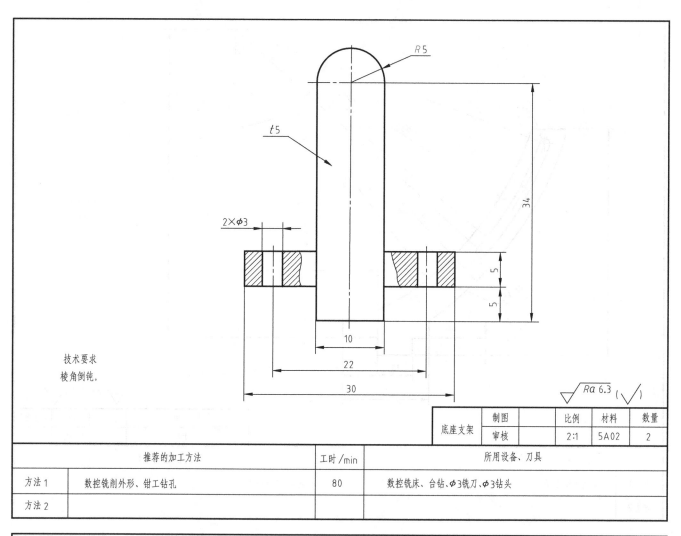

技术要求
棱角倒钝。

$\sqrt{\dfrac{Ra\ 6.3}{}}$ ($\sqrt{}$)

底座支架	制图		比例	材料	数量
	审核		2:1	5A02	2

推荐的加工方法		工时/min	所用设备、刀具
方法1	数控铣削外形、钳工钻孔	80	数控铣床、台钻、ϕ3铣刀、ϕ3钻头
方法2			

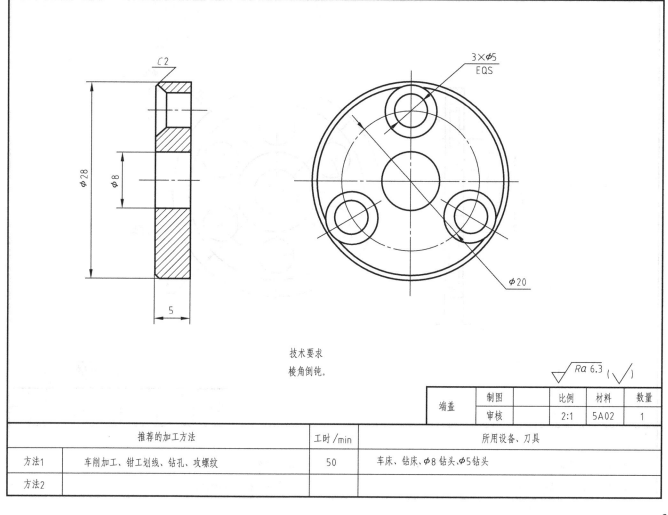

技术要求
棱角倒钝。

$\sqrt{\dfrac{Ra\ 6.3}{}}$ ($\sqrt{}$)

端盖	制图		比例	材料	数量
	审核		2:1	5A02	1

推荐的加工方法		工时/min	所用设备、刀具
方法1	车削加工、钳工划线、钻孔、攻螺纹	50	车床、钻床、ϕ8钻头、ϕ5钻头
方法2			

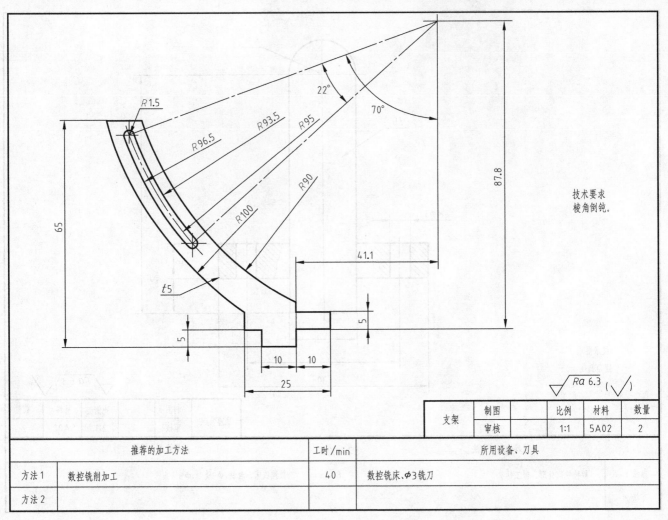

技术要求
棱角倒钝。

支架	制图		比例	材料	数量
	审核		1:1	5A02	2

	推荐的加工方法	工时/min	所用设备、刀具
方法1	数控铣削加工	40	数控铣床、φ3铣刀
方法2			

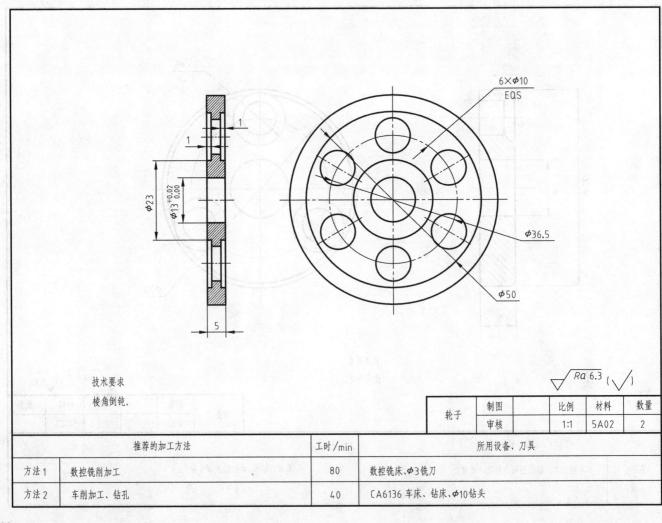

技术要求
棱角倒钝。

轮子	制图		比例	材料	数量
	审核		1:1	5A02	2

	推荐的加工方法	工时/min	所用设备、刀具
方法1	数控铣削加工	80	数控铣床、φ3铣刀
方法2	车削加工、钻孔	40	CA6136车床、钻床、φ10钻头

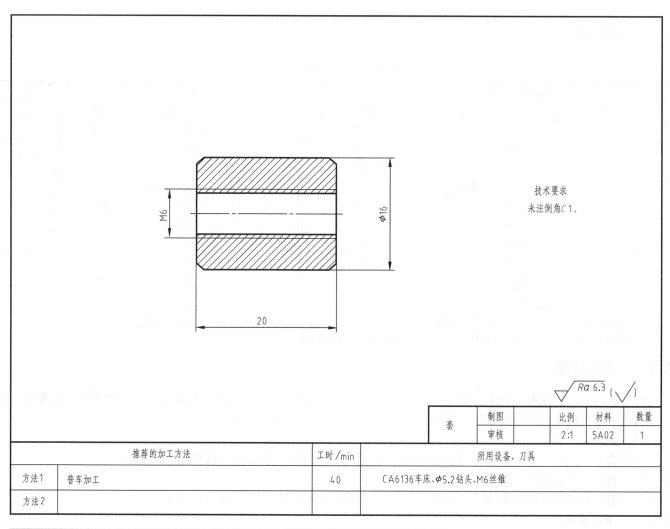

技术要求
未注倒角C1。

$\sqrt{\frac{Ra\ 6.3}{}}(\sqrt{\ })$

套	制图		比例	材料	数量
	审核		2:1	5A02	1

	推荐的加工方法	工时/min	所用设备、刀具
方法1	普车加工	40	CA6136车床、φ5.2钻头、M6丝锥
方法2			

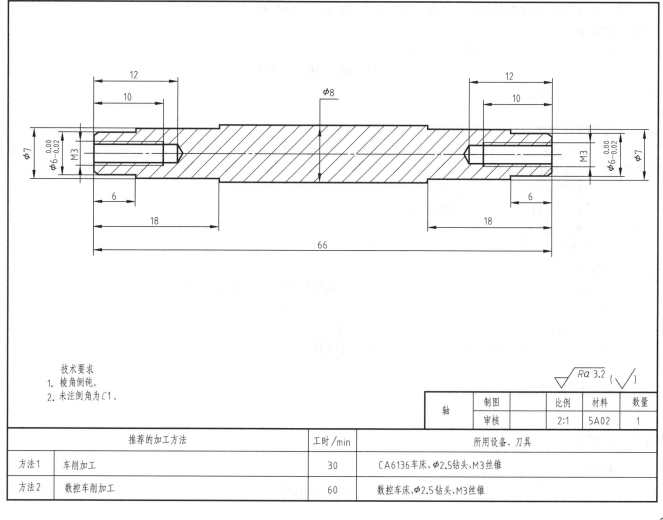

技术要求
1. 棱角倒钝。
2. 未注倒角为C1。

$\sqrt{\frac{Ra\ 3.2}{}}(\sqrt{\ })$

轴	制图		比例	材料	数量
	审核		2:1	5A02	1

	推荐的加工方法	工时/min	所用设备、刀具
方法1	车削加工	30	CA6136车床、φ2.5钻头、M3丝锥
方法2	数控车削加工	60	数控车床、φ2.5钻头、M3丝锥

3.5.3 材料需求

表3-5 定点发球装置材料（配件）清单

序号	材料(配件)名称	规格型号	数量	单价	金额/元	备注
1	铝板	$t5×400×400$	2.16kg	40元/kg	86.4	
2	铝棒	$\phi30×300$	0.572kg	40元/kg	22.9	
3	铝棒	$\phi12×200$	0.061kg	40元/kg	2.4	
4	弹簧	$\phi1×10×100×20N$	1支	3元/支	3.0	
材料费用（F）合计/元					114.7	
5	钻头	$\phi2.5$	5支	0.7元/支	3.5	
6	钻头	$\phi3$	5支	0.7元/支	3.5	
7	钻头	$\phi6$	5支	4元/支	20	
8	丝锥	M3	5支	9元/支	45	
9	铣刀	$\phi3$	5支	8元/支	40	
10	铰刀	$\phi11$	5支	38元/支	190	
刀具、工具费用合计/元					302	

注：材料价格参照第2章表2-11材料参考价格，刀具、工具费用不计入成本分析。

3.5.4 成本核算

此处仅核算样机试制的成本，为学生选题和教师指导提供参考。根据第2章所述成本分析的方法，该发球装置样机的成本主要包含直接材料费用、直接人工费用和制造费用，其分类如下。

3.5.4.1 直接材料费用 F

根据表3-5定点发球装置材料（配件）清单，该发球装置样机试制直接材料费用为F=114.7元。

3.5.4.2 直接人工费用 S

根据表2-12成都市机械制造工人小时工资参考，制造该装置直接人工工时费S=50元。

3.5.4.3 制造费用 M

参照表2-13机床小时费率参考，计算得到该装置的制造费用M=90元。

3.5.4.4 总成本 C

根据以上统计，定点发球装置总成本为

$$C=F+S+M=114.7+50+90=254.7（元）$$

3.5.5 学生参与设计的内容及制作要求

3.5.5.1 自主设计要求

学生设计的定点发球装置应达到命题规定的基本结构、基本条件和比赛规则要求，总体结构形式可参照本命题实例的样机，但以下几个方面需自主设计。

① 发球机构的工作方式需要自行确定。

② 整个装置可设计为折叠式，方便收纳，其结构需自行确定。

③ 发球角度需要通过计算确定。

④ 设计时要考虑材料和工艺对成本的影响，力求经济。

3.5.5.2 制作要求

① 整个装置的底座、支架等必须采用数控铣削加工或线切割，不得采用激光切割。

② 可根据实际情况选择数控车削或普车加工装置的轴套类零件。

③ 可采用3D打印部分零件，但不得超过整体零件加工工作量的30%。

④ 认真分析每个零件的加工工艺流程，按要求书写该装置的机械加工工艺过程卡。

3.6 绿色捣米机设计与制作

3.6.1 命题描述

3.6.1.1 基本功能

在给定条件下，设计一种捣米机，如图3-8所示，通过水的冲力，驱动水轮旋转，水轮带动主动轴旋转，使主动轴上的拨杆对3组捣杆进行拨动，捣杆上下移动，使捣锤能进行捣米。

3.6.1.2　基本结构

① 捣米机由水轮、主动轴、捣杆、捣锤和米臼等几部分组成。

② 要求采用水力驱动，可以采用齿轮、链条和带传动等其他传动方式。

③ 要求至少有3组捣米锤。

3.6.1.3　基本条件

① 以流水冲击水轮为捣米机提供动力，不可使用任何其他能量形式。

② 捣米机整体结构紧凑，为纯机械结构，不得采用液压、电机等辅助机构及动力。

③ 捣米机外观及结构由学生自行设计，要求各个部件之间比例协调，外形美观，并能实现捣米功能。

图3-8　绿色捣米机示意图

3.6.1.4　评分细则

① 作品成绩　由项目指导教师及项目组成员根据作品的外观展示和功能展示评比得出。

② 平时表现成绩　平时成绩由项目指导教师评定。主要依据各位同学的课堂表现，团队贡献的大小给出，具体到每一个同学。

③ 恢复提升训练成绩（包括技能和绘图两部分）　由相应的培训指导教师根据学生的表现，以及完成作业的情况给定。

④ 报告及图纸成绩　由项目指导教师给定。

⑤ 答辩成绩　由答辩评审组给定。

⑥ 其中，作品成绩、平时表现成绩、报告及图纸成绩和答辩成绩由教师按照优、良、中、差4个等级进行成绩给定，最后由教师换算成分数。

⑦ 总成绩=作品成绩+平时表现成绩+技能恢复提升训练成绩+实训报告成绩+图纸成绩+答辩成绩。

3.6.2　样机主要结构说明及加工工艺

3.6.2.1　样机爆炸图

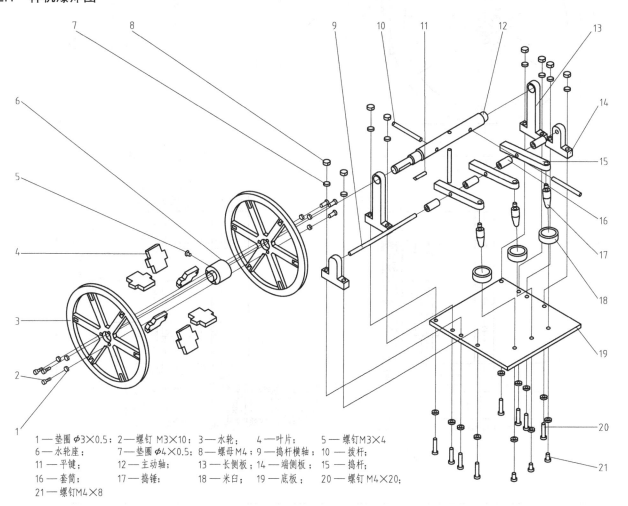

1—垫圈 φ3×0.5；2—螺钉 M3×10；3—水轮；　4—叶片；　　5—螺钉M3×4；
6—水轮座；　7—垫圈φ4×0.5；8—螺母M4；9—捣杆横轴；10—拨杆；
11—平键；　12—主动轴；13—长侧板；14—端侧板；15—捣杆；
16—套筒；　17—捣锤；　18—米臼；　19—底板；　20—螺钉 M4×20；
21—螺钉M4×8；

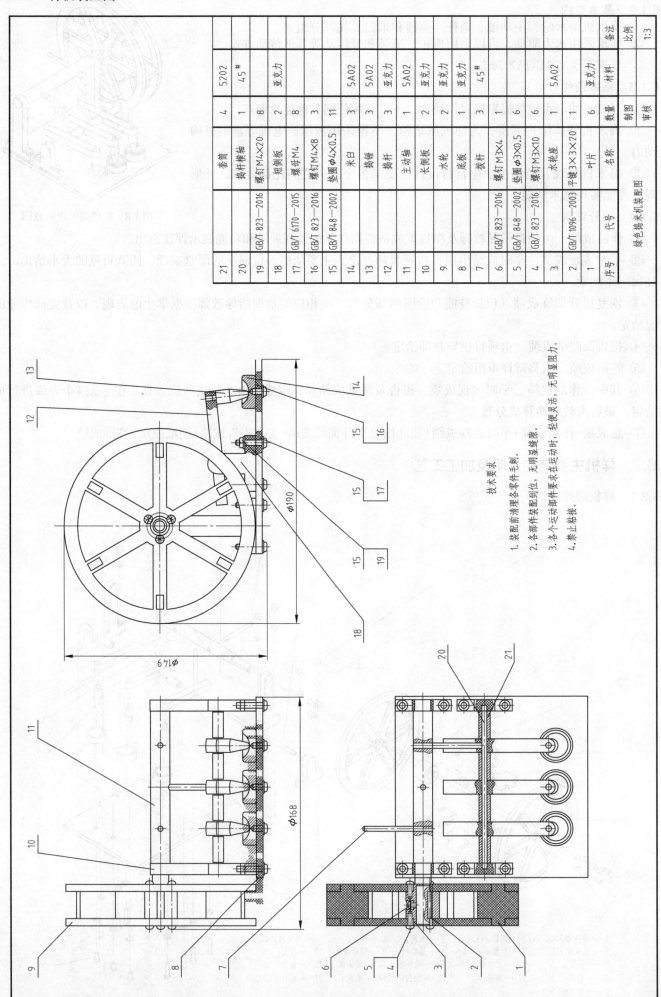

绿色掏米机装配图

序号	代号	名称	数量	材料	备注
21		套筒	4	5202	
20		掏杆横轴	1	45#	
19	GB/T 823—2016	螺钉 M4×20	8		
18	GB/T 6170—2015	短侧板	2	亚克力	
17	GB/T 823—2016	螺母 M4	8		
16	GB/T 84.8—2002	螺钉 M4×8	3		
15		垫圈 φ4×0.5	11		
14		米白	3	5A02	
13		掏锤	3	5A02	
12		掏杆	3	亚克力	
11		主动轴	1	5A02	
10		长侧板	2	亚克力	
9		水轮	2	亚克力	
8		底板	1	亚克力	
7	GB/T 823—2016	拨杆	3	45#	
6	GB/T 84.8—2002	螺钉 M3×4	1		
5	GB/T 823—2016	垫圈 φ3×0.5	6		
4	GB/T 1096—2003	螺钉 M3×10	6		
3		水轮座	1	5A02	
2		平键 3×3×20	1		
1		叶片	6	亚克力	
				制图	比例
				审核	1:3

技术要求

1. 装配前清理各零件毛刺。
2. 各部件装配到位，无明显缝隙。
3. 各个运动部件要求在运动时，轻便灵活，无明显阻力。
4. 禁止粘接。

3.6.2.3 样机零件图

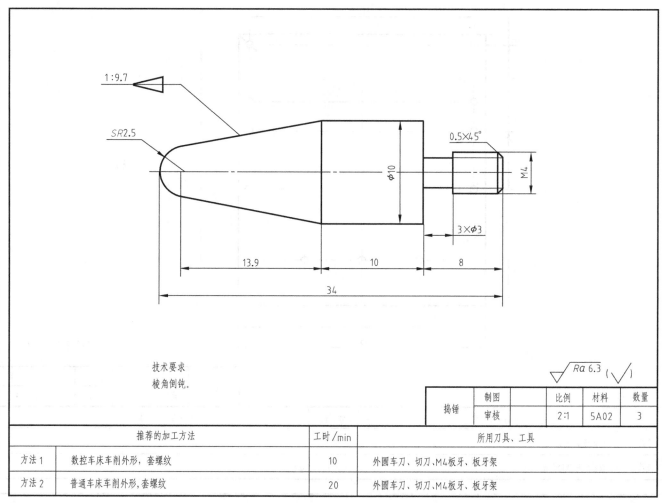

技术要求
棱角倒钝。

捣锤	制图		比例	材料	数量
	审核		2:1	5A02	3

	推荐的加工方法	工时/min	所用刀具、工具
方法1	数控车床车削外形，套螺纹	10	外圆车刀、切刀、M4板牙、板牙架
方法2	普通车床车削外形，套螺纹	20	外圆车刀、切刀、M4板牙、板牙架

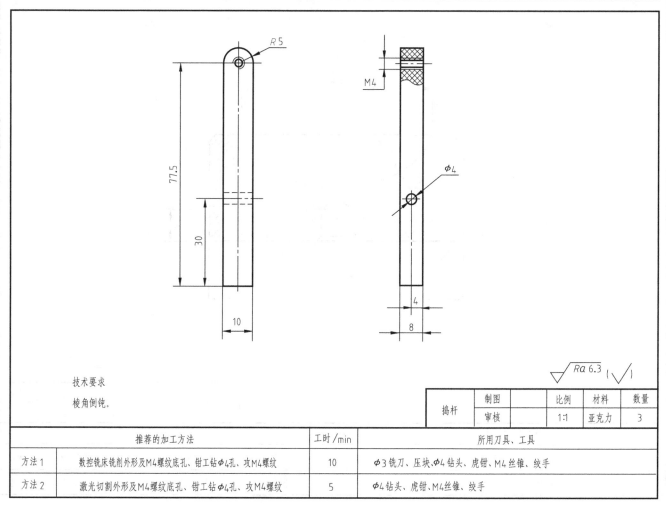

技术要求
棱角倒钝。

捣杆	制图		比例	材料	数量
	审核		1:1	亚克力	3

	推荐的加工方法	工时/min	所用刀具、工具
方法1	数控铣床铣削外形及M4螺纹底孔、钳工钻φ4孔、攻M4螺纹	10	φ3铣刀、压块、φ4钻头、虎钳、M4丝锥、绞手
方法2	激光切割外形及M4螺纹底孔、钳工钻φ4孔、攻M4螺纹	5	φ4钻头、虎钳、M4丝锥、绞手

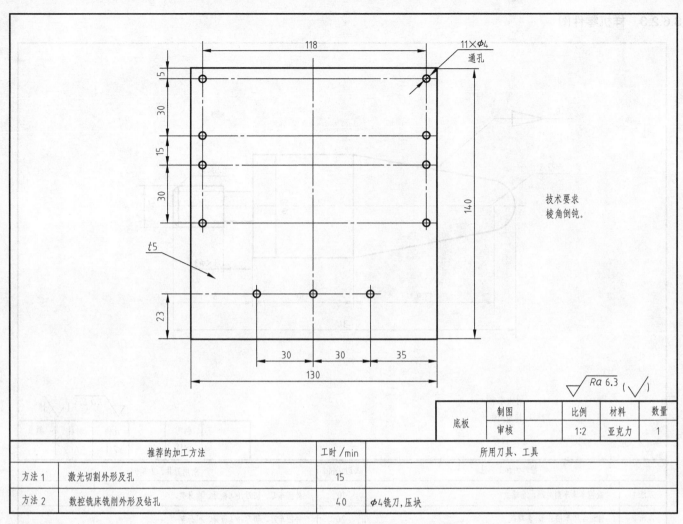

技术要求
棱角倒钝.

$\sqrt{\dfrac{Ra\ 6.3}{}}(\sqrt{\ })$

底板	制图		比例	材料	数量
	审核		1:2	亚克力	1

	推荐的加工方法	工时/min	所用刀具、工具
方法1	激光切割外形及孔	15	
方法2	数控铣床铣削外形及钻孔	40	φ4铣刀,压块

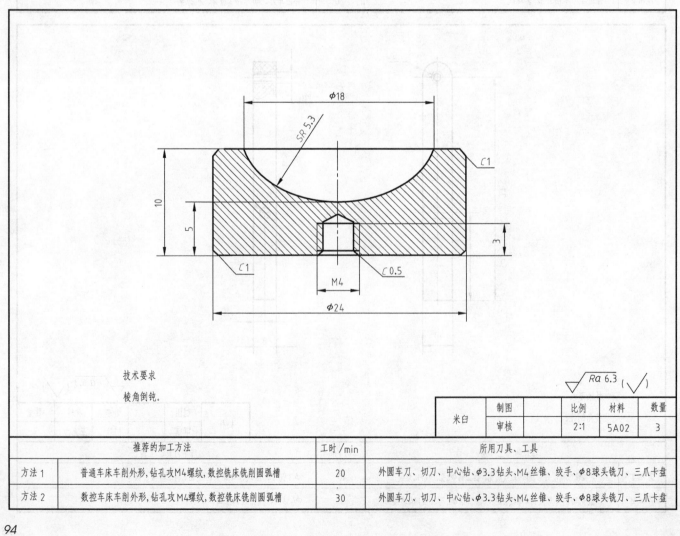

技术要求
棱角倒钝.

$\sqrt{\dfrac{Ra\ 6.3}{}}(\sqrt{\ })$

米白	制图		比例	材料	数量
	审核		2:1	5A02	3

	推荐的加工方法	工时/min	所用刀具、工具
方法1	普通车床车削外形,钻孔攻M4螺纹,数控铣床铣削圆弧槽	20	外圆车刀、切刀、中心钻、φ3.3钻头、M4丝锥、绞手、φ8球头铣刀、三爪卡盘
方法2	数控车床车削外形,钻孔攻M4螺纹,数控铣床铣削圆弧槽	30	外圆车刀、切刀、中心钻、φ3.3钻头、M4丝锥、绞手、φ8球头铣刀、三爪卡盘

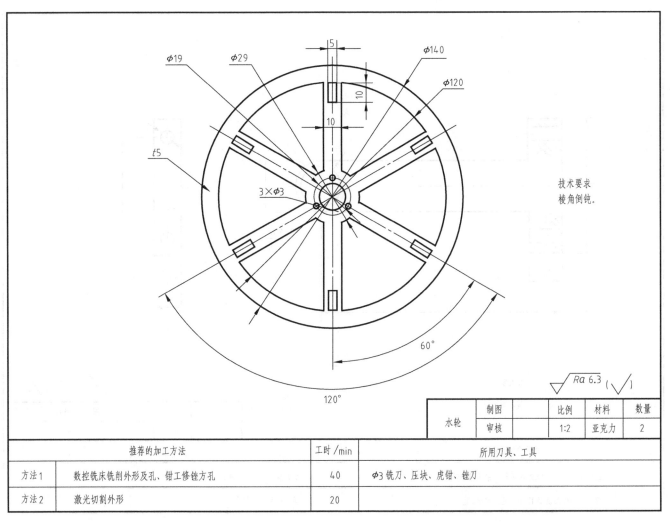

技术要求
棱角倒钝。

$\sqrt{Ra\ 6.3}$ ($\sqrt{}$)

水轮	制图		比例	材料	数量
	审核		1:2	亚克力	2

	推荐的加工方法	工时 /min	所用刀具、工具
方法1	数控铣床铣削外形及孔、钳工修锉方孔	40	φ3铣刀、压块、虎钳、锉刀
方法2	激光切割外形	20	

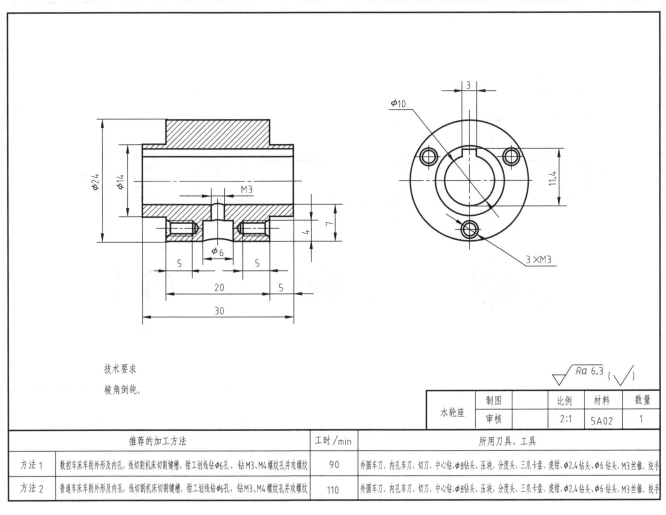

技术要求
棱角倒钝。

$\sqrt{Ra\ 6.3}$ ($\sqrt{}$)

水轮座	制图		比例	材料	数量
	审核		2:1	5A02	1

	推荐的加工方法	工时 /min	所用刀具、工具
方法1	数控车床车削外形及内孔，线切割机床切割键槽，钳工划线钻钻φ6孔，钻M3，M4螺纹孔并攻螺纹	90	外圆车刀、内孔车刀、切刀、中心钻、φ8钻头、压块、分度头、三爪卡盘、虎钳、φ2.4钻头、φ6钻头、M3丝锥、铰手
方法2	普通车床车削外形及内孔，线切割机床切割键槽，钳工划线钻钻φ6孔，钻M3，M4螺纹孔并攻螺纹	110	外圆车刀、内孔车刀、切刀、中心钻、φ8钻头、压块、分度头、三爪卡盘、虎钳、φ2.4钻头、φ6钻头、M3丝锥、铰手

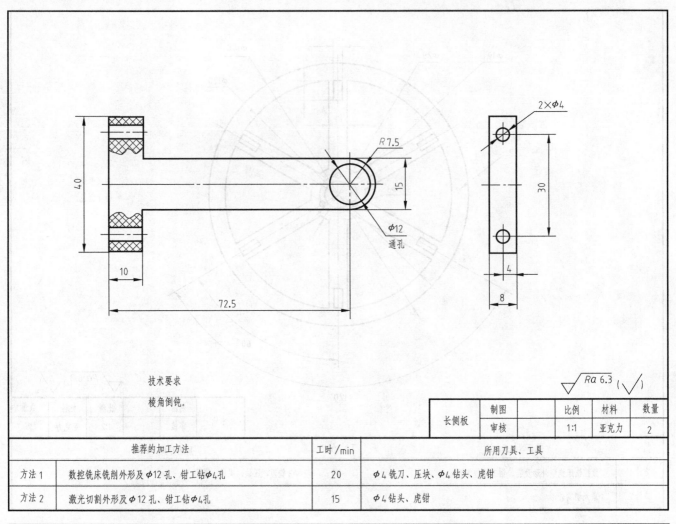

技术要求

棱角倒钝。

$\sqrt{Ra\ 6.3}$ ($\sqrt{\ }$)

长侧板	制图		比例	材料	数量
	审核		1:1	亚克力	2

	推荐的加工方法	工时/min	所用刀具、工具
方法1	数控铣床铣削外形及φ12孔、钳工钻φ4孔	20	φ4铣刀、压块、φ4钻头、虎钳
方法2	激光切割外形及φ12孔、钳工钻φ4孔	15	φ4钻头、虎钳

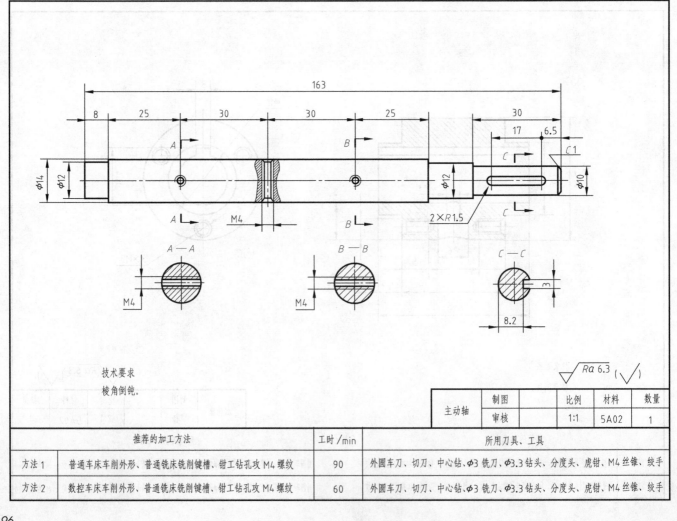

技术要求

棱角倒钝。

$\sqrt{Ra\ 6.3}$ ($\sqrt{\ }$)

主动轴	制图		比例	材料	数量
	审核		1:1	5A02	1

	推荐的加工方法	工时/min	所用刀具、工具
方法1	普通车床车削外形、普通铣床铣削键槽、钳工钻孔攻M4螺纹	90	外圆车刀、切刀、中心钻、φ3铣刀、φ3.3钻头、分度头、虎钳、M4丝锥、绞手
方法2	数控车床车削外形、普通铣床铣削键槽、钳工钻孔攻M4螺纹	60	外圆车刀、切刀、中心钻、φ3铣刀、φ3.3钻头、分度头、虎钳、M4丝锥、绞手

3.6.3 材料需求

表3-6 绿色捣米机材料（配件）清单

序号	材料(配件)名称	规格型号	数量	单价	金额/元	备注
1	亚克力板	$t5\times400\times400$	0.16m^2	250元/m^2	40.0	
2	亚克力板	$t8\times150\times100$	0.015m^2	400元/m^2	6.0	
3	铝棒	$\phi10\times100$	0.021kg	40元/kg	0.8	
4	铝棒	$\phi15\times350$	0.167kg	40元/kg	6.7	
5	铝棒	$\phi30\times100$	0.191kg	40元/kg	7.6	
6	圆钢	$\phi4$	0.3m	10元/m	3.0	
7	其他		若干		10.0	螺母、垫圈等
材料费用(F)合计/元					74.2	
8	钻头	$\phi2.5$	5支	0.7元/支	3.5	
9	丝锥	M3	5支	9元/支	45	
刀具、工具费用合计/元					48.5	

注：材料价格参照第2章表2-11材料参考价格，刀具、工具费用不计入成本分析。

3.6.4 成本核算

此处仅核算样机试制的成本，为学生选题和教师指导提供参考。该绿色捣米机的成本主要包含直接材料费用、直接人工费用和制造费用，其分类如下。

3.6.4.1 直接材料费用F

根据表3-6绿色捣米机材料（配件）清单，该绿色捣米机试制直接材料费用为F=74.2元。

3.6.4.2 直接人工费用S

根据第2章表2-12成都市机械制造工人小时工资参考，制造绿色捣米机的直接人工工时费用S=278元。

3.6.4.3 制造费用M

根据第2章表2-13机床小时费率参考，计算得到绿色捣米机的制造费用M=160元。

3.6.4.4 总成本C

根据以上统计，绿色捣米机总成本为

$$C=F+S+M=74.2+278+160=512.2（元）$$

3.6.5 学生参与设计的内容及制作要求

3.6.5.1 自主设计要求

学生设计的绿色捣米机应达到命题规定的基本结构、基本条件和评分要求，总体结构形式可参照本命题实例的样机，但以下几个方面需自主设计。

① 捣米机主体结构要学生自行选定和设计。
② 所有零件尺寸需要自定，但要求捣米机整体尺寸不得超过长200mm、宽200mm、高150mm。
③ 设计时要考虑材料和工艺对成本的影响，力求经济。
④ 成品要求外形美观，并能实现捣米功能。

3.6.5.2 制作要求

① 绿色捣米机零件的加工可参考样机实例推荐的加工工艺，但激光切割加工方式完成的零件不得超过总工作量的30%。
② 认真分析每个零件的加工工艺流程，再通过实际加工过程进行反思和总结，最后书写捣杆和水轮座的机械加工工艺过程卡。

3.7 风力小车设计与制作

3.7.1 命题描述

3.7.1.1 基本功能

在给定条件下，设计一种利用风力驱动的小车进行比赛，如图3-9所示。利用电机驱动螺旋桨旋转产生的风力推拉小车前行，以小车前行距离作为小车成绩的主要评判依据。

3.7.1.2 基本结构

① 风力小车由底板、前后支撑、轴、前后车轮和电机组件等几部分组成。

图3-9 风力小车示意图

② 要求有能使小车直线行驶、内部阻力小的结构设计。

3.7.1.3 基本条件

① 风能由电机驱动螺旋桨来获得，电机和螺旋桨、电池为统一提供的标准套件。

② 车轮可以安装统一提供的轴承。

3.7.1.4 比赛规则

① 小车比赛按小车在赛道上一次性所跑最远直线距离。比赛时，每车有1次试车机会（试后的调整时间为2min），有3次比赛跑车机会（再次运行前调整时间约为1min），取3次跑车最好成绩为小组最终成绩，若小车在跑道上先跑出跑道后又绕回来，取第一次跑出点距离记取成绩。

② 各参赛队用自己加工调整和装配好的小车，在指定的赛道上进行比赛。赛道宽度为2m，小车出发时不得加以任何外力，否则该次比赛记为0分。比赛时要求小车前行过程中不得碰触小车，让车自行前行至停止，否则视碰触处为该行程终点。

③ 比赛成绩算法 采取成绩递减法，第一名100分，最后一名60分，中间按照参赛队数来计算具体递减分数。小车不具备参赛条件的为不合格。

④ 成立比赛组委会 由项目组成员成立专门的组委会运行该项赛事，设置比赛距离测量员、记录员。

3.7.2 样机主要结构说明及加工工艺

3.7.2.1 样机爆炸图

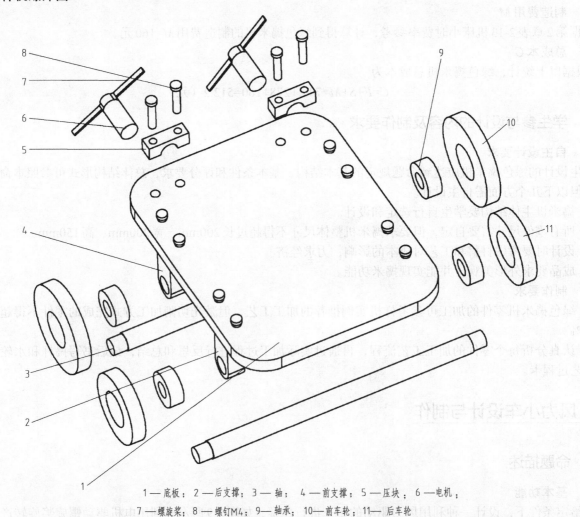

1—底板；2—后支撑；3—轴；4—前支撑；5—压块；6—电机；
7—螺旋桨；8—螺钉M4；9—轴承；10—前车轮；11—后车轮

3.7.2.2 样机装配图

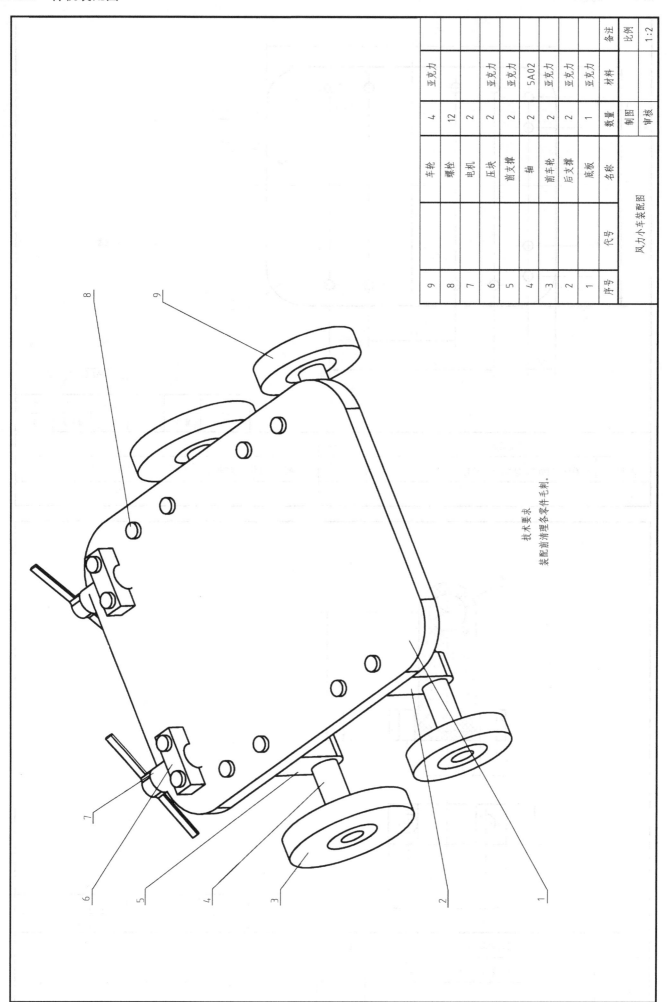

技术要求
装配前清理各零件毛刺。

序号	代号	名称		数量	材料	备注
9		车轮		4	亚克力	
8		螺栓		12		
7		电机		2		
6		压块		2	亚克力	
5		前支撑		2	亚克力	
4		轴		2	5A02	
3		前车轮		2	亚克力	
2		后支撑		2	亚克力	
1		底板		1	亚克力	

风力小车装配图

制图		比例
审核		1:2

99

3.7.2.3 样机零件图

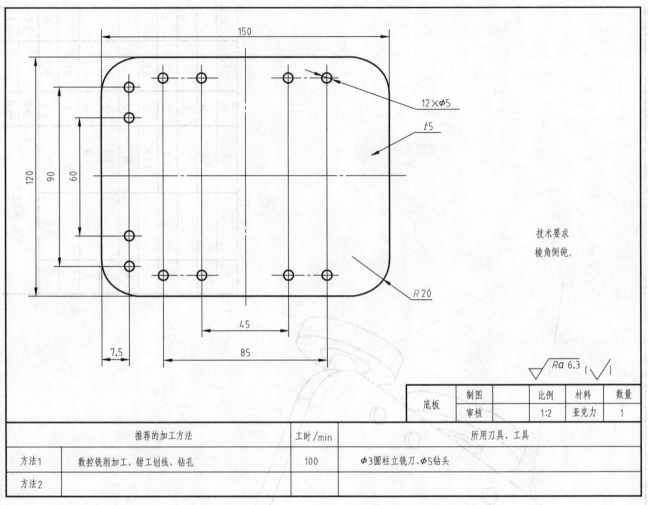

技术要求
棱角倒钝。

$\sqrt{Ra\,6.3}$ ($\sqrt{}$)

底板	制图		比例	材料	数量
	审核		1:2	亚克力	1

	推荐的加工方法	工时/min	所用刀具、工具
方法1	数控铣削加工、钳工划线、钻孔	100	φ3圆柱立铣刀、φ5钻头
方法2			

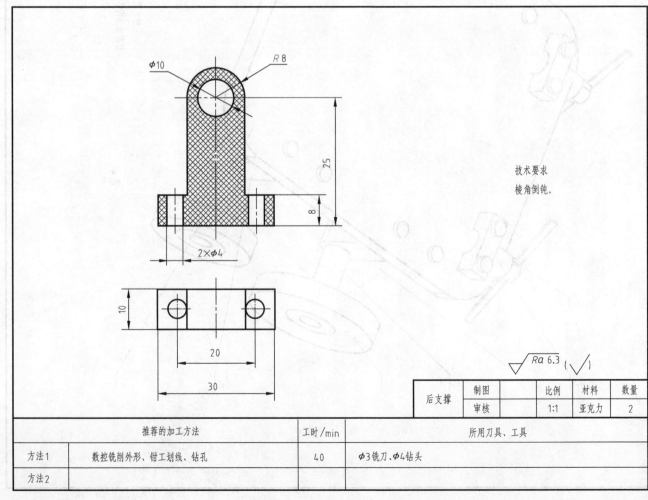

技术要求
棱角倒钝。

$\sqrt{Ra\,6.3}$ ($\sqrt{}$)

后支撑	制图		比例	材料	数量
	审核		1:1	亚克力	2

	推荐的加工方法	工时/min	所用刀具、工具
方法1	数控铣削外形、钳工划线、钻孔	40	φ3铣刀、φ4钻头
方法2			

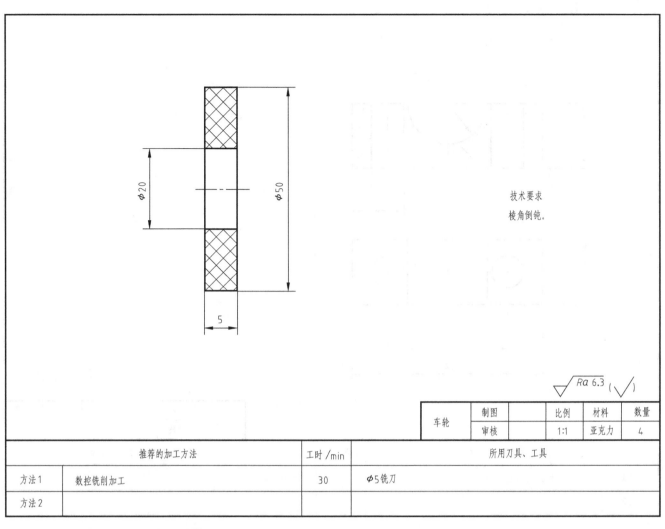

技术要求
棱角倒钝。

$\sqrt{\dfrac{Ra\,6.3}{}}\ (\sqrt{})$

车轮	制图		比例	材料	数量
	审核		1:1	亚克力	4

推荐的加工方法		工时/min	所用刀具、工具
方法1	数控铣削加工	30	φ5铣刀
方法2			

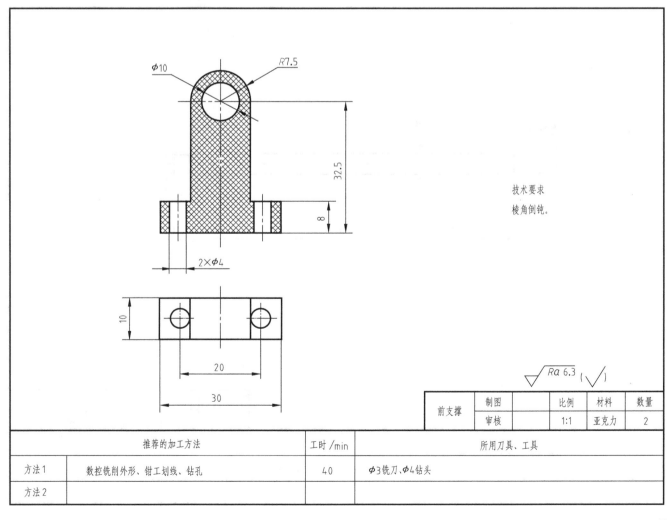

技术要求
棱角倒钝。

$\sqrt{\dfrac{Ra\,6.3}{}}\ (\sqrt{})$

前支撑	制图		比例	材料	数量
	审核		1:1	亚克力	2

推荐的加工方法		工时/min	所用刀具、工具
方法1	数控铣削外形、钳工划线、钻孔	40	φ3铣刀、φ4钻头
方法2			

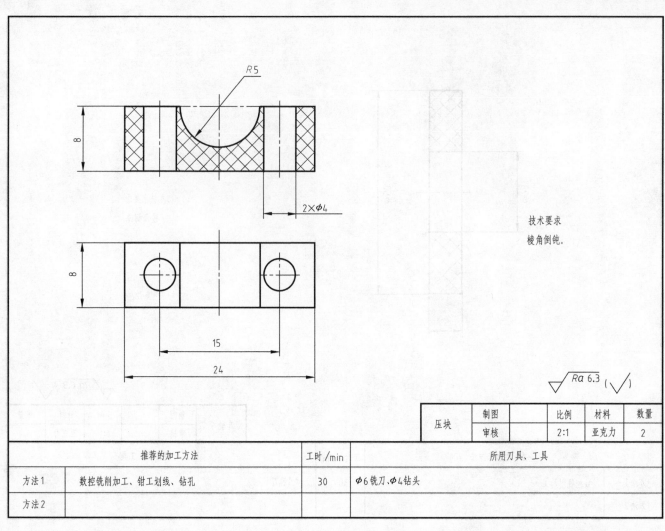

技术要求
棱角倒钝。

$\sqrt{\dfrac{Ra\ 6.3}{}}(\sqrt{})$

压块	制图		比例	材料	数量
	审核		2:1	亚克力	2

	推荐的加工方法	工时 /min	所用刀具、工具
方法1	数控铣削加工、钳工划线、钻孔	30	φ6铣刀、φ4钻头
方法2			

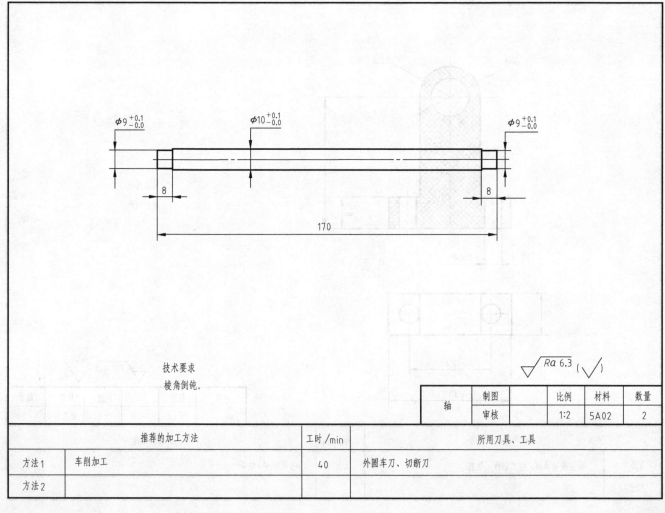

技术要求
棱角倒钝。

$\sqrt{\dfrac{Ra\ 6.3}{}}(\sqrt{})$

轴	制图		比例	材料	数量
	审核		1:2	5A02	2

	推荐的加工方法	工时 /min	所用刀具、工具
方法1	车削加工	40	外圆车刀、切断刀
方法2			

3.7.3　材料需求

表3-7　风力小车材料（配件）清单

序号	材料(配件)名称	规格型号	数量	单价	金额/元	备注
1	铝棒	$\phi10\times400$	0.085kg	40元/kg	3.4	
2	亚克力板	$t8\times100\times40$	0.04m²	400元/m²	16	
3	亚克力板	$t5\times300\times300$	0.09m²	250元/m²	22.5	
4	轴承	$9\times20\times5$	4个	8元/个	32	
5	螺栓	$M4\times20$	12个	0.03元/个	0.4	
6	电机	820空心杯电机	2个	15元/个	30	含螺旋桨
材料费用(F)合计/元					104.3	
7	铣刀	$\phi5$	5支	10元/支	50	
8	铣刀	$\phi4$	5支	8元/支	40	
刀具、工具费用合计/元					90	

注：材料价格参照第2章表2-11材料参考价格，刀具、工具费用不计入成本分析。

3.7.4　成本核算

此处仅核算样机试制的成本，为学生选题和教师指导提供参考。该小车的成本主要包含直接材料费用、直接人工费用和制造费用，其分类如下。

3.7.4.1　直接材料费用 F

根据表3-7 风力小车材料（配件）清单，该小车样机试制直接材料费用为 F=104.3元。

3.7.4.2　直接人工费用 S

根据第2章表2-12成都市机械制造工人小时工资参考，制造风力小车的直接人工工时费用 S=200元。

3.7.4.3　制造费用 M

根据第2章表2-13机床小时费率参考，计算得到风力小车的制造费用 M=660元。

3.7.4.4　总成本 C

根据以上统计风力小车总成本为

$$C=F+S+M=104.3+200+660=964.3（元）$$

3.7.5　学生参与设计的内容及制作要求

3.7.5.1　自主设计要求

学生设计的风力小车应达到命题规定的基本结构、基本条件和比赛规则要求，总体结构形式可参照本命题实例的样机，但以下几个方面需自主设计。

① 底板、车轮要学生自行选定和设计。

② 轴的直径，轴与支撑的配合间隙、轴与轴承的配合间隙、车轮与轴承的配合间隙自行计算确定。

③ 除滑轮架和支架外，其余尺寸需要自定。

④ 设计时要考虑材料和工艺对成本的影响，力求经济。

3.7.5.2　制作要求

① 风力小车零件的加工可参考样机实例推荐的加工工艺，但激光切割加工方式完成的零件不得超过总工作量的30%。

② 认真分析每个零件的加工工艺流程，再通过实际加工过程进行反思和总结，最后书写风力小车关键零件的机械加工工艺过程卡。

3.8　惯性无轴承小车设计与制作

3.8.1　命题描述

扫描二维码查看视频。

3.8.1.1　基本功能

在给定条件下，设计一种从斜坡0.8m高度处利用重力驱动的无轴承小车，小车自然下滑进入跑道，如图3-10所示，利用车身的重力势能转换为小车前进的动能，在此动力驱动下比赛小车跑的直线方向的距离。

3.8.1.2 基本结构

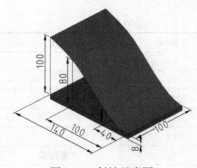

图3-10 斜坡示意图

① 小车由底板、前支撑、后支撑、前轮、后轮、前顶尖、后顶尖、顶尖调节螺母、固定螺钉等几部分组成。

② 要求不得采用轴承，轮子数量2至n个。

3.8.1.3 基本条件

① 前进动能由小车从斜坡自行下滑来获得，最大高度不超过80cm，斜坡和跑道统一提供，小车结构自行设计。

② 小车所需的能量均由此能量转换获得，不可使用任何其他能量补给。

③ 小车外观尺寸不超过40cm，整车质量不超过3kg。

3.8.1.4 比赛规则

① 比赛次数为3次，每次调整和运行时间为5min，取3次中的最好成绩。

② 比赛时统一提供场地，参赛者在发出比赛指令前将小车放在指定高度范围内，垂直高度不高于80cm。

③ 比赛过程中，参赛者不得用手接触小车，不得加以任何外力促使小车前行或改变前进轨迹。

④ 每一单次比赛，以小车在跑道上停止的点位或出界处记取成绩，并按各组小车所跑最远距离由远到近进行排名，由名次计算比赛成绩，其公式为

$$比赛成绩 = 100 - 40 \times \frac{名次 - 1}{总参赛队}$$

⑤ 成立竞赛组委会　成立专门的组委会运行该项赛事。

3.8.2 样机主要结构说明及加工工艺

3.8.2.1 样机爆炸图

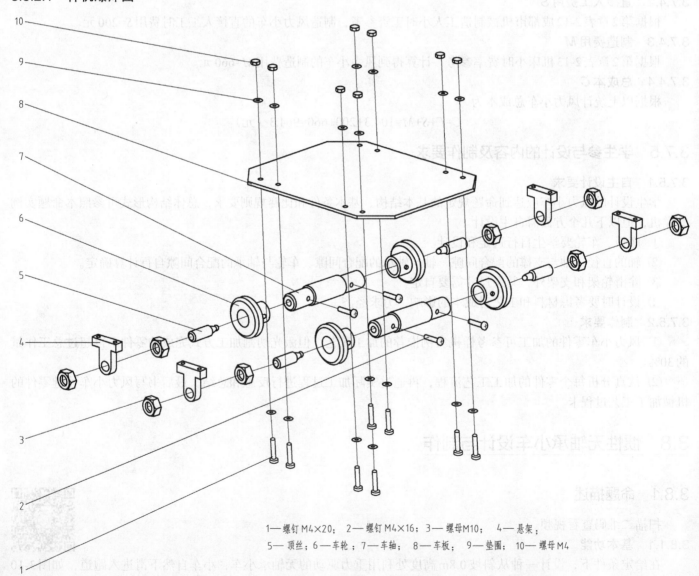

1—螺钉M4×20；2—螺钉M4×16；3—螺母M10；4—悬架；
5—顶丝；6—车轮；7—车轴；8—车板；9—垫圈；10—螺母M4

3.8.2.2 样机装配图

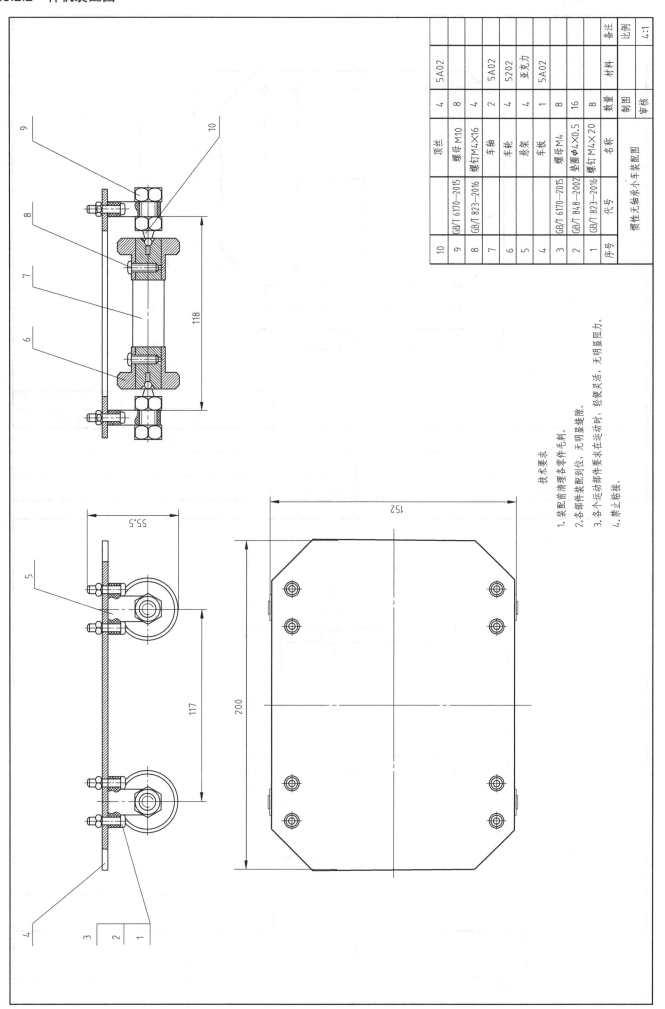

序号	代号	名称	数量	材料	备注
10		顶丝	4	5A02	
9	GB/T 6170-2015	螺母 M10	8		
8	GB/T 823-2016	螺钉M4×16	4		
7		车轴	2	5A02	
6		车轮	4	5202	
5		悬架	4	亚克力	
4		车板	1	5A02	
3	GB/T 6170-2015	螺母M4	8		
2	GB/T 848-2002	垫圈φ4×0.5	16		
1	GB/T 823-2016	螺钉M4×20	8		

惯性无轴承小车装配图		制图		比例
		审核		4:1

技术要求
1. 装配前清理各零件毛刺。
2. 各部件装配到位，无明显缝隙。
3. 各个运动部件要求在运动时，轻便灵活，无明显阻力。
4. 禁止粘接。

3.8.2.3 样机零件图

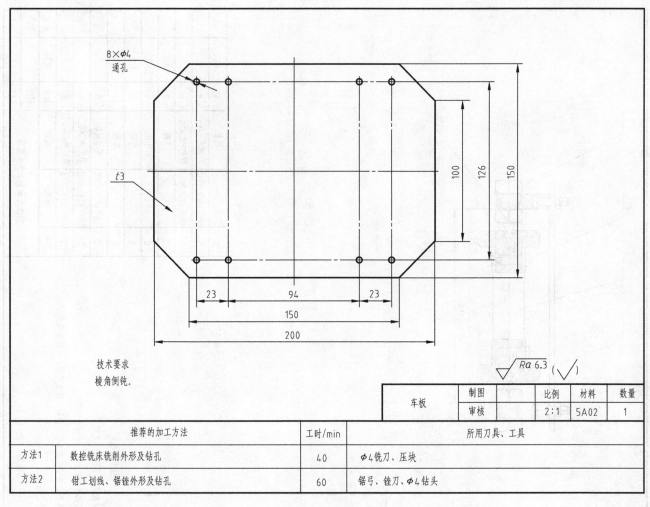

技术要求
棱角倒钝。

$\sqrt{\dfrac{Ra\,6.3}{}}\,(\sqrt{\ })$

车板		制图		比例	材料	数量
		审核		2:1	5A02	1

	推荐的加工方法	工时/min	所用刀具、工具
方法1	数控铣床铣削外形及钻孔	40	φ4铣刀、压块
方法2	钳工划线、锯锉外形及钻孔	60	锯弓、锉刀、φ4钻头

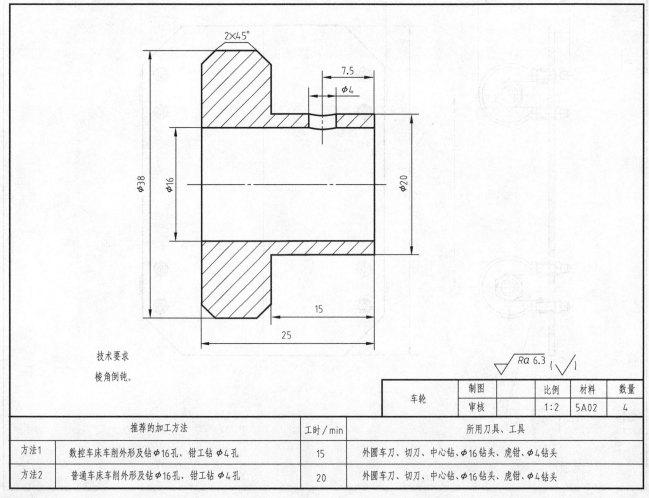

技术要求
棱角倒钝。

$\sqrt{\dfrac{Ra\,6.3}{}}\,(\sqrt{\ })$

车轮		制图		比例	材料	数量
		审核		1:2	5A02	4

	推荐的加工方法	工时/min	所用刀具、工具
方法1	数控车床车削外形及钻φ16孔、钳工钻φ4孔	15	外圆车刀、切刀、中心钻、φ16钻头、虎钳、φ4钻头
方法2	普通车床车削外形及钻φ16孔、钳工钻φ4孔	20	外圆车刀、切刀、中心钻、φ16钻头、虎钳、φ4钻头

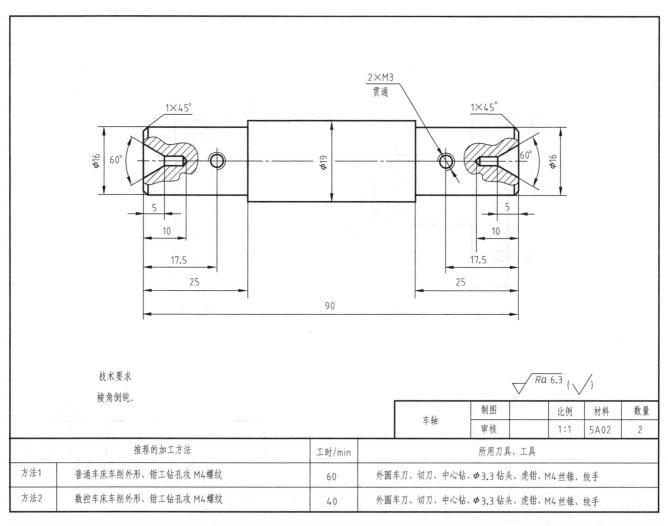

技术要求

棱角倒钝。

$\sqrt{\dfrac{Ra\ 6.3}{}}\ (\ \sqrt{}\ )$

	车轴	制图		比例	材料	数量
		审核		1:1	5A02	2

	推荐的加工方法	工时/min	所用刀具、工具
方法1	普通车床车削外形、钳工钻孔攻 M4 螺纹	60	外圆车刀、切刀、中心钻、ϕ3.3 钻头、虎钳、M4 丝锥、绞手
方法2	数控车床车削外形、钳工钻孔攻 M4 螺纹	40	外圆车刀、切刀、中心钻、ϕ3.3 钻头、虎钳、M4 丝锥、绞手

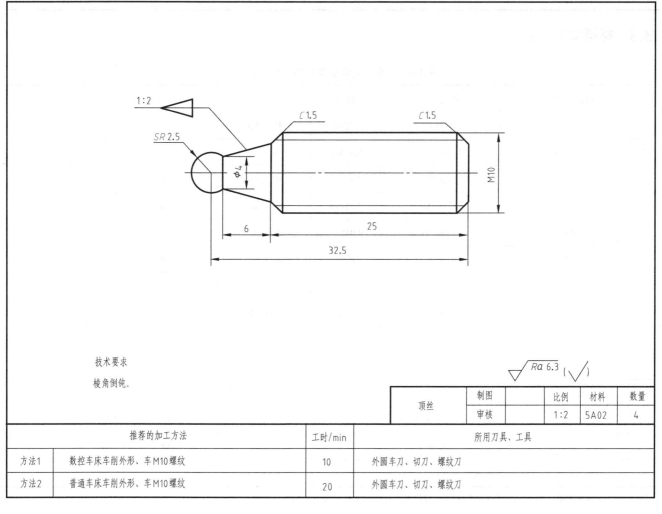

技术要求

棱角倒钝。

$\sqrt{\dfrac{Ra\ 6.3}{}}\ (\ \sqrt{}\ )$

	顶丝	制图		比例	材料	数量
		审核		1:2	5A02	4

	推荐的加工方法	工时/min	所用刀具、工具
方法1	数控车床车削外形、车 M10 螺纹	10	外圆车刀、切刀、螺纹刀
方法2	普通车床车削外形、车 M10 螺纹	20	外圆车刀、切刀、螺纹刀

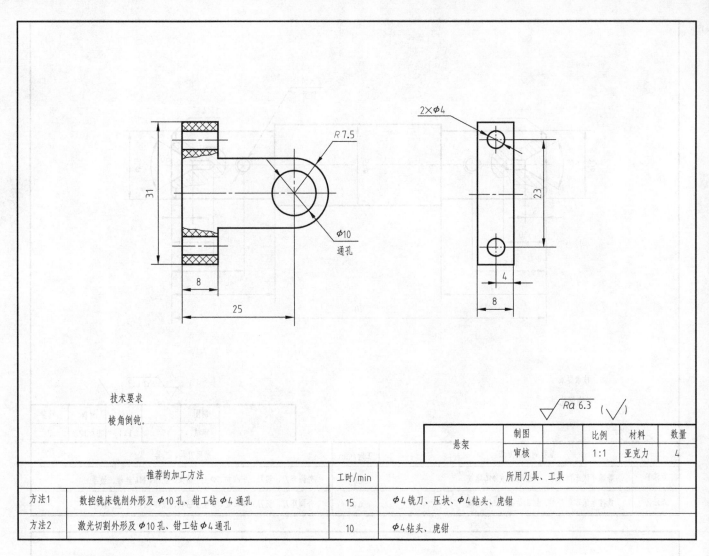

技术要求

棱角倒钝。

$\sqrt{\dfrac{Ra\ 6.3}{}}\ (\ \sqrt{\ \ }\ )$

悬架	制图		比例	材料	数量
	审核		1:1	亚克力	4

	推荐的加工方法	工时/min	所用刀具、工具
方法1	数控铣床铣削外形及 ϕ10孔、钳工钻 ϕ4通孔	15	ϕ4铣刀、压块、ϕ4钻头、虎钳
方法2	激光切割外形及 ϕ10孔、钳工钻 ϕ4通孔	10	ϕ4钻头、虎钳

3.8.3 材料需求

表3-8　惯性无轴承小车材料（配件）清单

序号	材料(配件)名称	规格型号	数量	单价	金额/元	备注
1	铝板	t3×300×300	0.729kg	40元/kg	29.2	
2	铝板	t5×300×300	1.215kg	40元/kg	48.6	
3	铝棒	ϕ10×180	0.038kg	40元/kg	1.5	
4	铝棒	ϕ30×150	0.286kg	40元/kg	11.4	
5	亚克力板	t8×100×160	0.016m²	400元/m²	6.4	
6	螺母	M10	10个	0.3元/个	3.0	
	材料费用(F)合计/元				100.1	
7	钻头	ϕ3	5支	0.7元/支	3.5	
8	铣刀	ϕ3	5支	8元/支	40	
9	铣刀	ϕ4	5支	8元/支	40	
10	铣刀	ϕ5	5支	10元/支	50	
11	外螺纹车刀	Ser2020k16	2支	21元/支	42	
12	外圆车刀	L1616h08	2支	20元/支	40	
	刀具、工具费用合计/元				215.5	

注：材料价格参照第2章表2-11材料参考价格，刀具、工具费用不计入成本分析。

3.8.4 成本核算

该小车样机的成本主要包含直接材料费用、直接人工费用和制造费用，其分类如下。

3.8.4.1 直接材料费用 *F*

根据表3-8 惯性无轴承小车材料（配件）清单，该样机试制直接材料费用为 $F=100.1$ 元。

3.8.4.2 直接人工费用 *S*

根据第2章表2-12成都市机械制造工人小时工资参考，制造小车的直接人工工时费用 $S=148$ 元。

3.8.4.3 制造费用 *M*

根据第2章表2-13机床小时费率参考，计算得制造费用 $M=219$ 元。

3.8.4.4 总成本 *C*

根据以上统计，惯性无轴承小车总成本为

$$C=F+S+M=100.1+148+219=467.1（元）$$

3.8.5 学生参与设计的内容及制作要求

3.8.5.1 自主设计要求

学生设计的惯性无轴承小车应达到命题规定的基本结构、基本条件和比赛规则要求，总体结构形式可参照本命题实例的样机，但以下几个方面需自主设计。

① 底板要学生自行选定和设计。
② 车轮大小结构自行设计确定。
③ 自行设计前后支撑。
④ 自行设计顶尖。
⑤ 设计时要考虑材料和工艺对成本的影响，力求经济。

3.8.5.2 制作要求

① 小车零件的加工可参考样机实例推荐的加工工艺，但激光切割加工方式完成的零件不得超过总工作量的30%。
② 认真分析每个零件的加工工艺流程，再通过实际加工过程进行反思和总结，最后书写顶丝和车轮的机械加工工艺过程卡。

3.9 和面机设计与制作

3.9.1 命题描述

3.9.1.1 基本功能

设计并制作一和面机，在手动或电机带动的情况下，能实现和面功能。

3.9.1.2 基本结构

① 和面机组成　和面机由支座、面斗、和面爪等主要部分组成，如图3-11和图3-12所示。

图3-11　和面机示意图

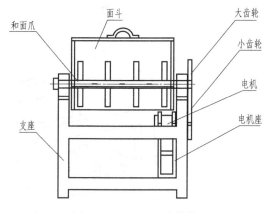

图3-12　和面机基本结构

② 和面机的整体样式设计　可采用卧式，也可立式。
③ 和面方式设计　通过电机带动和面爪，或通过摇动手柄带动和面爪实现功能。

④ 传动方式　齿轮传动、皮带传动、链条传动等传动方式自主选择设计。

⑤ 动作端的形状设计　可选用扇叶式、螺旋式、打蛋器式等。

3.9.1.3　基本条件

按提供的材料进行选材，各部件上需配合所发放电机、齿轮、水泵、轴承、接头等零件部分，按对应形状尺寸设计加工，保证良好配合即可。

3.9.1.4　评分细则

① 作品成绩　根据作品的创意美观度与和面功能的实现由指导教师给定。

② 平时表现成绩　包括平时考勤与表现，按对团队贡献的大小，具体到每一个同学。

③ 恢复提升训练成绩　包括绘图培训成绩、传统加工培训成绩、现代加工培训成绩。

④ 图纸成绩　完成装配图及至少5张零件图纸的绘制，表达完整且标注规范。

⑤ 报告成绩　实训报告有固定格式，按要求书写，描述准确、清晰。

⑥ 答辩成绩

a.制作一份PPT，PPT内容需涉及作品的设计、制造工艺、成本等相关知识。

b.携带作品现场展示与讲解其能实现的功能，同时可展示其不同于其他作品的独立见解与创新点，具体分值由答辩评审组根据现场答辩情况给定。

3.9.2　样机主要结构说明及加工工艺

3.9.2.1　样机爆炸图

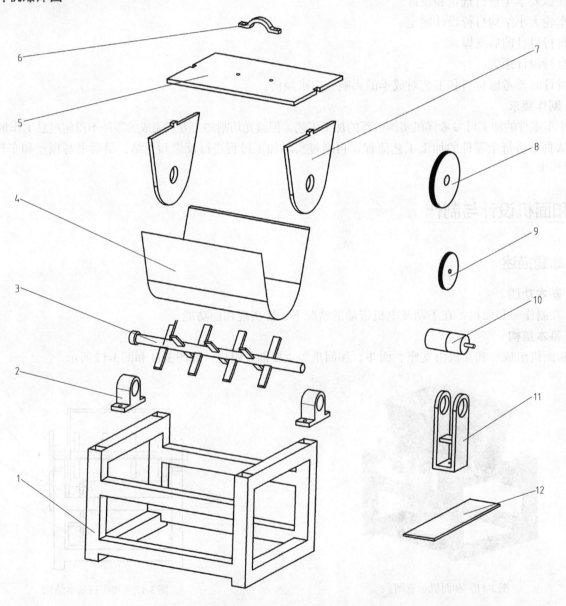

1—面机支座；2—轴承座；3—和面轴；4—面斗；5—面斗盖板；6—盖板手柄；

7—面斗侧板；8—大齿轮；9—小齿轮；10—电机；11—电机支座；12—电机座固定板

3.9.2.2 样机装配图

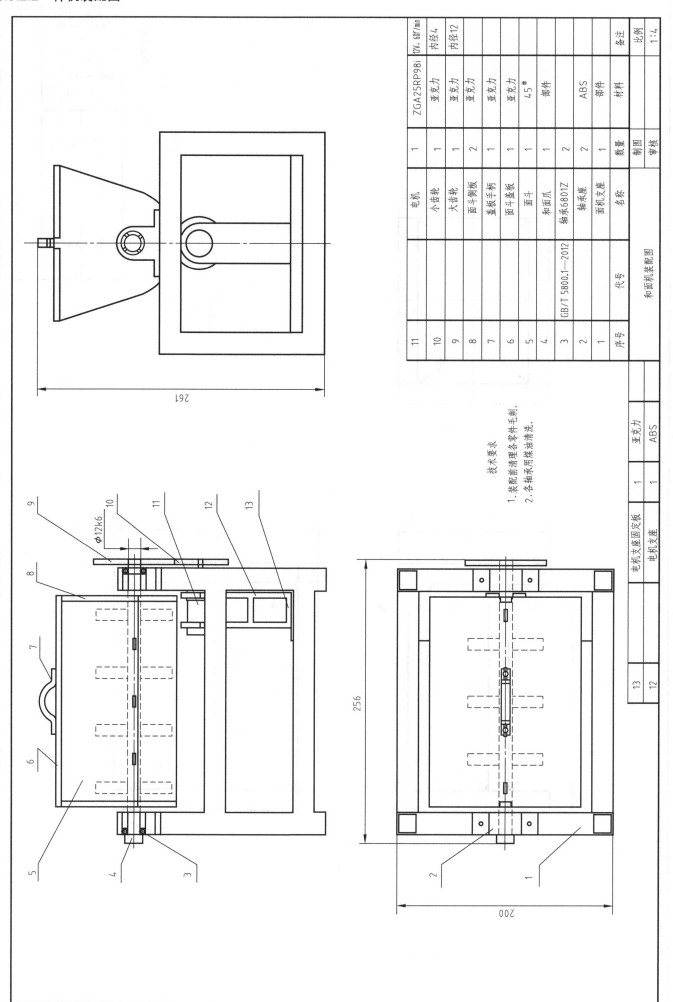

序号	代号	名称	数量	材料	备注
11		电机	1	ZGA25RP98i	12V, 60r/min
10		小齿轮	1	亚克力	内径4
9		大齿轮	1	亚克力	内径12
8		面斗侧板	2	亚克力	
7		盖板手柄	1	亚克力	
6		面斗盖板	1	亚克力	
5		面斗	1	45#	
4		和面爪	1	部件	
3	GB/T 5800.1—2012	轴承6801Z	2		
2		轴承座	2	ABS	
1		面机支座	1	部件	
序号	代号	名称	数量	材料	备注

和面机装配图

			制图		比例
			审核		1:4

技术要求
1. 装配前清理各零件毛刺。
2. 各轴承用煤油清洗。

| 13 | | 电机支座面固定板 | 1 | 亚克力 | |
| 12 | | 电机支座 | 1 | ABS | |

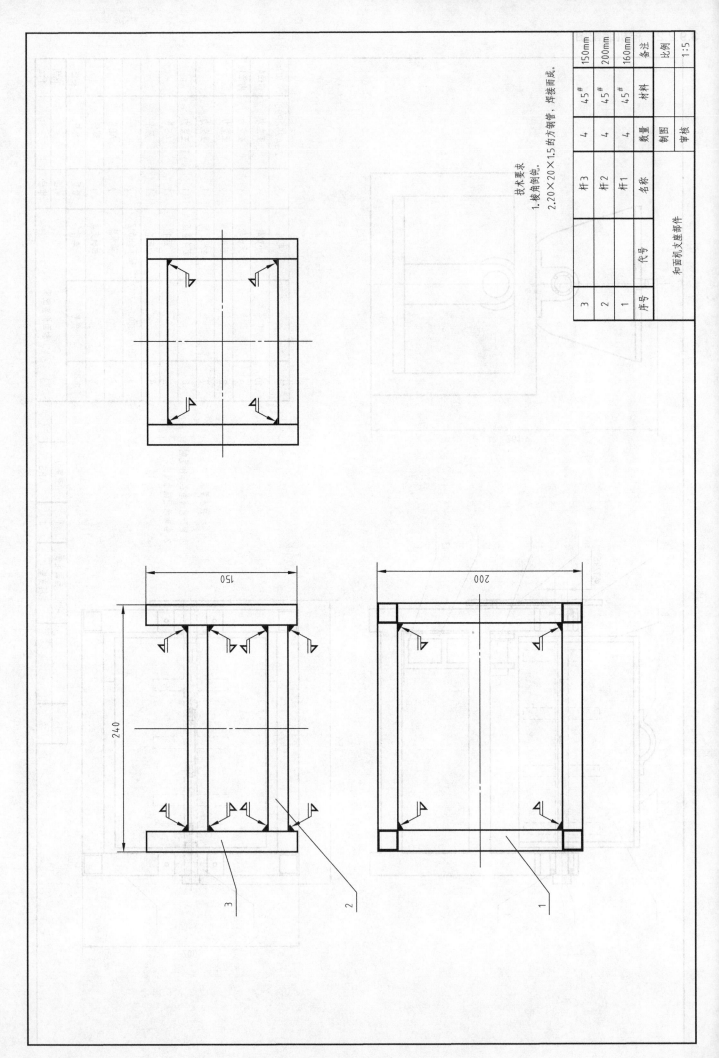

序号	代号	名称	数量	材料	备注
3		杆3	4	45#	150mm
2		杆2	4	45#	200mm
1		杆1	4	45#	160mm

和面机支座部件	制图	比例
	审核	1:5

技术要求
1. 棱角倒钝。
2. 20×20×1.5 的方钢管，焊接而成。

150

200

240

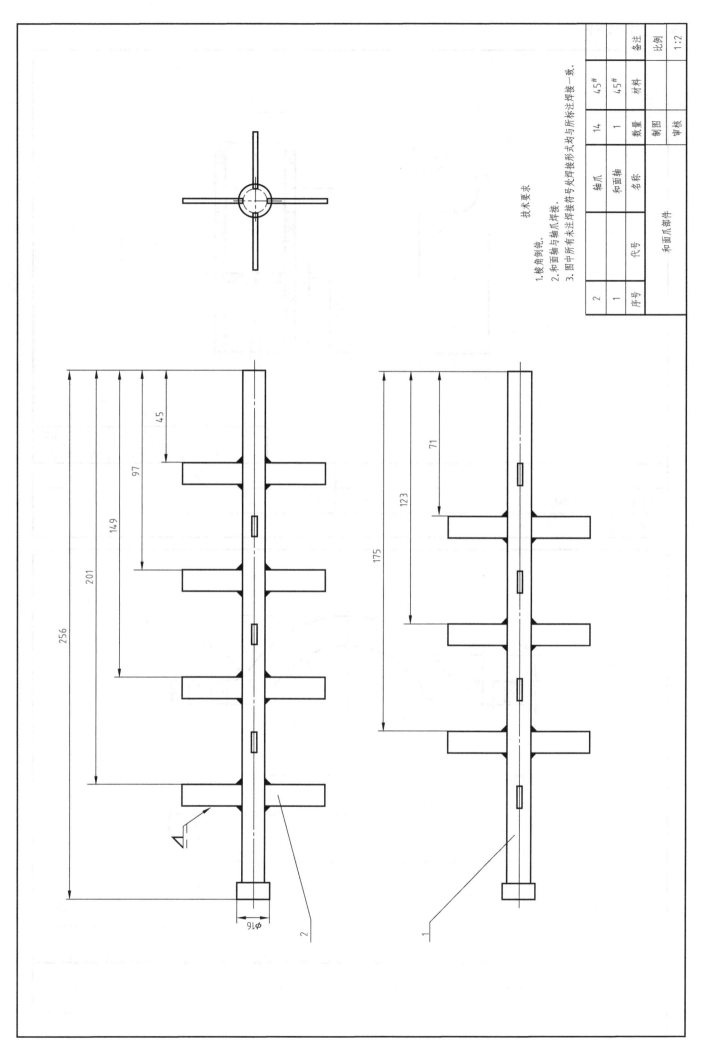

技术要求
1. 棱角倒钝。
2. 和面轴与轴爪焊接。
3. 图中所有未注焊接符号处焊接形式均与所标注焊接一致。

序号	代号	名称	数量	材料	备注
2		轴爪	14	45#	
1		和面轴	1	45#	

和面爪部件

制图		比例
审核		1:2

3.9.2.3 样机零件图

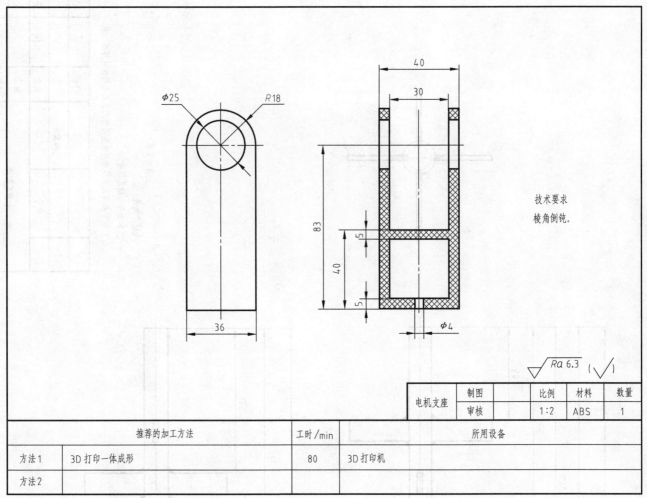

技术要求
棱角倒钝.

电机支座	制图		比例	材料	数量
	审核		1:2	ABS	1

	推荐的加工方法	工时/min	所用设备
方法1	3D 打印一体成形	80	3D打印机
方法2			

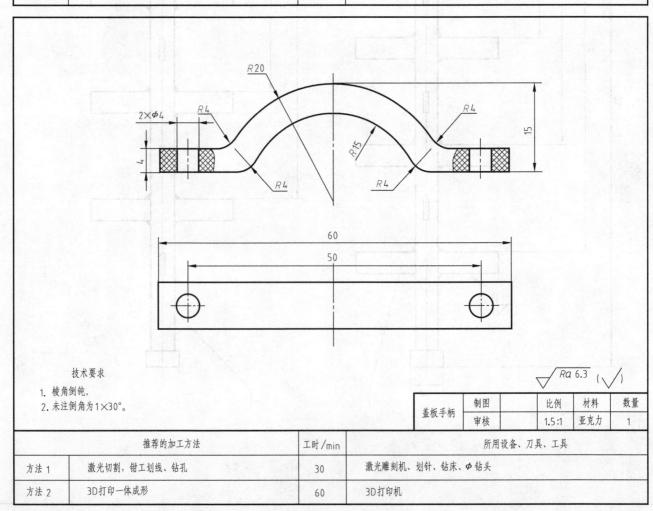

技术要求
1. 棱角倒钝.
2. 未注倒角为1×30°.

盖板手柄	制图		比例	材料	数量
	审核		1.5:1	亚克力	1

	推荐的加工方法	工时/min	所用设备、刀具、工具
方法1	激光切割，钳工划线、钻孔	30	激光雕刻机、划针、钻床、Φ钻头
方法2	3D打印一体成形	60	3D打印机

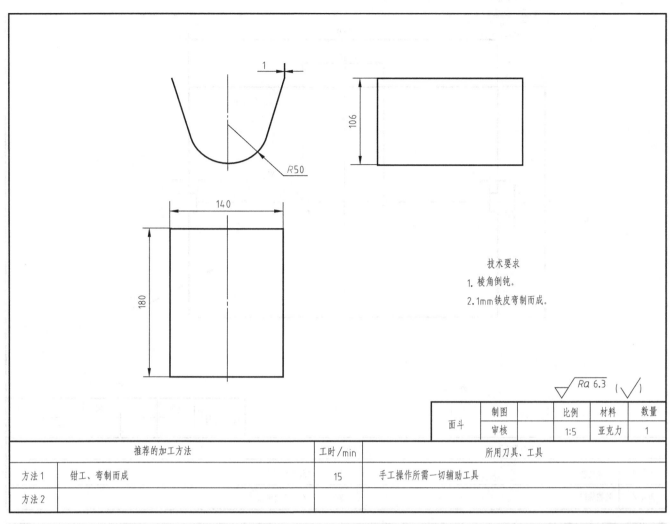

技术要求
1. 棱角倒钝。
2. 1mm铁皮弯制而成。

$\sqrt{Ra\ 6.3}\ (\sqrt{})$

面斗	制图		比例	材料	数量
	审核		1:5	亚克力	1

推荐的加工方法		工时/min	所用刀具、工具
方法1	钳工、弯制而成	15	手工操作所需一切辅助工具
方法2			

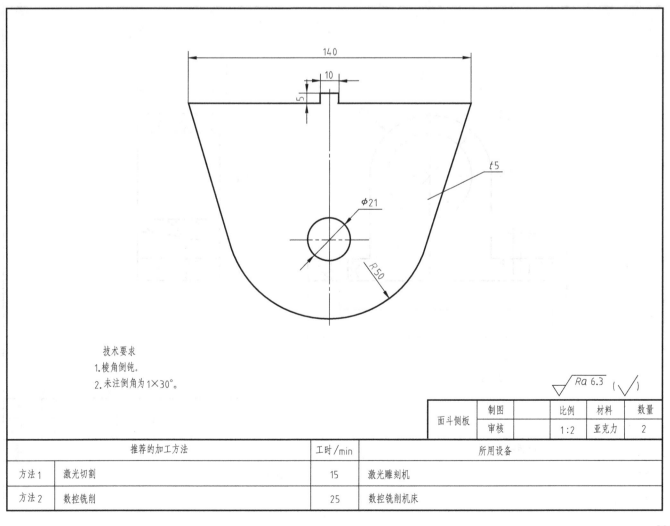

技术要求
1. 棱角倒钝。
2. 未注倒角为1×30°。

$\sqrt{Ra\ 6.3}\ (\sqrt{})$

面斗侧板	制图		比例	材料	数量
	审核		1:2	亚克力	2

推荐的加工方法		工时/min	所用设备
方法1	激光切割	15	激光雕刻机
方法2	数控铣削	25	数控铣削机床

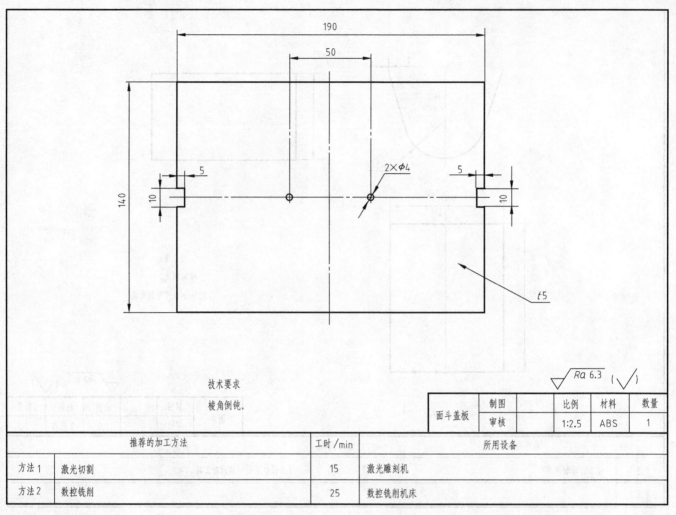

技术要求

棱角倒钝。

面斗盖板	制图		比例	材料	数量
	审核		1:2.5	ABS	1

$\sqrt{Ra\,6.3}\ (\sqrt{\ })$

推荐的加工方法		工时/min	所用设备
方法1	激光切割	15	激光雕刻机
方法2	数控铣削	25	数控铣削机床

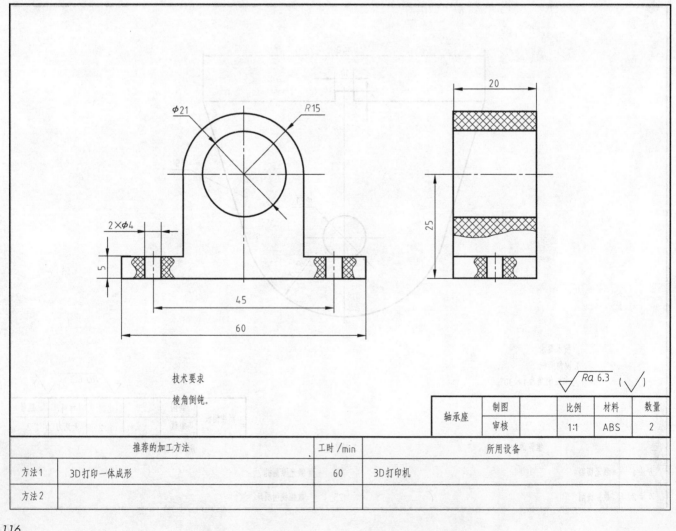

技术要求

棱角倒钝。

轴承座	制图		比例	材料	数量
	审核		1:1	ABS	2

$\sqrt{Ra\,6.3}\ (\sqrt{\ })$

推荐的加工方法		工时/min	所用设备
方法1	3D打印一体成形	60	3D打印机
方法2			

3.9.3 材料需求

表 3-9 和面机材料（配件）清单

序号	材料(配件)名称	规格型号	数量	单价	金额/元	备注
1	钢板	$t1.5 \times 20 \times 20$	2.5m	10元/m	25.0	
2	钢板	$t1 \times 500 \times 500$	1.93kg	5元/kg	9.7	
3	钢板	$t2 \times 100 \times 100$	0.157kg	5元/kg	0.8	
4	圆钢	$\phi15 \times 300$	0.416kg	5元/kg	2.1	
5	亚克力板	$t5 \times 500 \times 500$	0.25m²	250元/m²	62.5	
6	亚克力板	$t8 \times 500 \times 500$	0.25m²	400元/m²	100	
7	大齿轮	内孔$\phi12$,m2,Z20	1个	12元/个	12.0	
8	小齿轮	内孔$\phi5$,m2,Z30	1个	12元/个	12.0	
9	小电机	12V,60r/min	1个	40元/个	40.0	
10	电池	松乐电池9V	1个	6元/个	6.0	
11	电池接线头		1副	1元/副	1.0	
12	开关		1个	1元/个	1.0	
13	轴承	6801Z	4个	6元/个	24.0	
14	AB胶		1支	5元/支	5.0	
材料费用(F)合计/元					301.3	
15	钻头	$\phi3$	5支	0.7元/支	3.5	
刀具、工具费用合计/元					3.5	

注：材料价格参照第2章表2-11材料参考价格，刀具、工具费用不计入成本分析。

3.9.4 成本核算

此处仅核算样机试制的成本，成本分析按直接材料费用、直接人工费用和制造费用考虑，其计算方法如下。

3.9.4.1 直接材料费用 F

根据表3-9和面机材料（配件）清单，该和面机样机试制直接材料费用为F=301.3元。

3.9.4.2 直接人工费用 S

根据第2章表2-12成都市机械制造工人小时工资参考，计算得到制造和面机的直接人工工时费用S=59元。

3.9.4.3 制造费用 M

根据第2章表2-13机床小时费率参考，计算得到和面机的制造费用M=126.5元。

3.9.4.4 总成本 C

根据以上统计，和面机总成本为

$$C=F+S+M=301.3+59+126.5=486.8（元）$$

3.9.5 学生参与设计的内容及制作要求

3.9.5.1 自主设计要求

学生设计的和面机应实现命题的基本功能，达到命题规定的基本结构、基本条件，总体结构形式可参照本命题实例的样机，同时在以下几个方面可自主设计。

① 和面机样式 卧式或立式，自主选择设计。

② 和面方式设计 电动或手动，自主选择设计。通过电机带动面爪，或通过摇动手柄带动面爪实现。

③ 动力源与动作端的传动连接 齿轮传动、皮带传动、链条传动等传动方式，自主设计。

④ 动作端的形状设计 扇叶式、螺旋式、打蛋器式等形状，自主设计。

⑤ 面斗中和好面后，面的倒出方式 面斗翻转或面斗下端开口等，自主设计。

⑥ 面斗锁紧装置 和面机工作时，面斗须固定不动，该固定锁紧装置自主设计。

⑦ 和面机的整体大小在长×宽×高为400mm×400mm×400mm以内，自行确定，每个零件大小可自己设计，配合良好，美观，运动不干涉。

⑧ 需与所提供电机、轴承、齿轮等配合的部位按对应尺寸设计加工，保证良好配合。

⑨ 设计时要考虑材料和工艺对成本的影响，力求经济。

①　和面机零件的加工可参考样机实例推荐的加工工艺，但激光切割加工方式完成的零件不得超过总工作量的30%。

②　认真分析每个零件的加工工艺流程，再通过实际加工过程进行反思和总结，最后书写和面机的机械加工工艺过程卡。

3.10　石油钻机简易模型设计与制作

3.10.1　命题描述

3.10.1.1　基本功能

设计制作一石油钻机简易模型，如图3-13所示，能清楚直观地演示旋转钻井工艺过程。

图3-13　石油钻机简易模型三维图

石油钻机基本功能要求如下。

①　旋转功能　转盘在电源带动下能自由转动，从而带动钻柱转动。

②　升降功能　钻柱在电源带动下能灵活升降，以模拟起下钻等过程。

③　循环功能　钻井液在水泵的带动下能模拟携带岩屑、清洗井底的过程。

3.10.1.2　基本结构

①　主体结构由底座、平台、井架组成，如图3-14所示。

②　局部结构包括井壁、水箱、钻杆、方钻杆、水龙头、挂钩、天车、护栏等。

③　平台上的其他物件及各种装饰可根据平台尺寸自主设计。

④　电机、齿轮、水泵、轴承等标准零件直接发放，需配合的部分按对应尺寸设计加工，保证良好配合即可。

3.10.1.3　基本条件

①　所有材料直接提供。

②　旋转功能　钻柱（方钻杆与钻杆组成的整体）的旋转由统一给定的轴承、齿轮与电机带动。电机带动转盘（由给定的齿轮代替）旋转，带动钻柱旋转。要求旋转稳定不晃动。

③　升降功能　钻柱的升降由统一给定的小电机带动，在天车、挂钩等零件的配合下实现。要求能升降灵活，不卡顿。

④　循环功能　由统一给定的水泵带动钻井液经水龙带（由所给定的软管代替）、水龙头、钻柱进入井底，随后从井壁环空中经软管流入水箱，实现循环。要求循环稳定，不漏水。

⑤　各部件上需配合所发放电机、齿轮、水泵、轴承、接头等零件部分，按对应形状尺寸设计加工，保证良好配合即可。

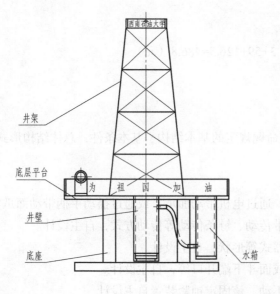

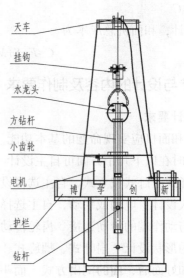

图3-14　钻机简易模型平面结构

3.10.1.4　评分细则

①　作品成绩　实现3个基本功能：旋转功能，旋转稳定，不晃动；升降功能，升降灵活，不卡顿；钻井液循环功能，循环稳定，不漏水。此外，作品美观，具有一定的创意。

② 平时表现成绩　平时成绩由项目第一指导教师评定。主要包括平时考勤与纪律记录，依据各位同学的课堂表现、团队贡献的大小给出，具体到每一个同学。

③ 恢复提升训练成绩　恢复提升训练成绩包括绘图培训成绩、传统加工培训成绩、现代加工培训成绩。由相应的培训指导教师根据对应学生的表现，以及完成作业的情况给定。

④ 图纸成绩　完成装配图及至少5张零件图纸的绘制，表达完整且标注规范。具体分值由第一指导老师根据图纸质量给定。

⑤ 报告成绩　完成1份实训报告，实训报告有固定格式，按要求书写，描述准确、清晰，其中需包含实训期间相关图片，如加工制作照片、作品照片等。具体分值由第一指导老师根据报告情况给定。

⑥ 答辩成绩

a.制作一份PPT，PPT内容需涉及作品的设计、制造工艺、成本等相关知识。

b.携带作品，现场展示与讲解其能实现的功能，同时可展示其不同于其他作品的独立见解与创新点，具体分值由答辩评审组根据现场答辩情况给定。

3.10.2　样机主要结构说明及加工工艺

3.10.2.1　样机爆炸图

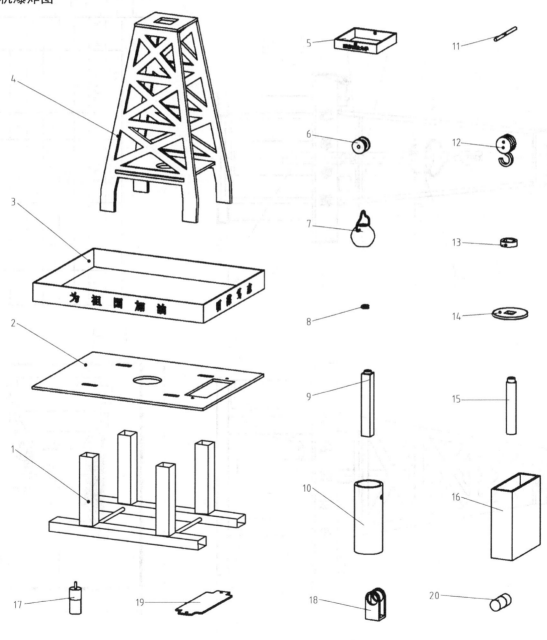

1—底座；　2—底层平台；3—底层平台护栏；4—井架；　5—顶层平台护栏；
6—天车；　7—水龙头；　8—小齿轮；　9—方钻杆；10—井壁；
11—天车架；12—挂钩；　13—方补芯；　14—大齿轮；15—钻杆；
16—水箱；17—电机；　18—电机支座；19—水箱盖；20—小电机

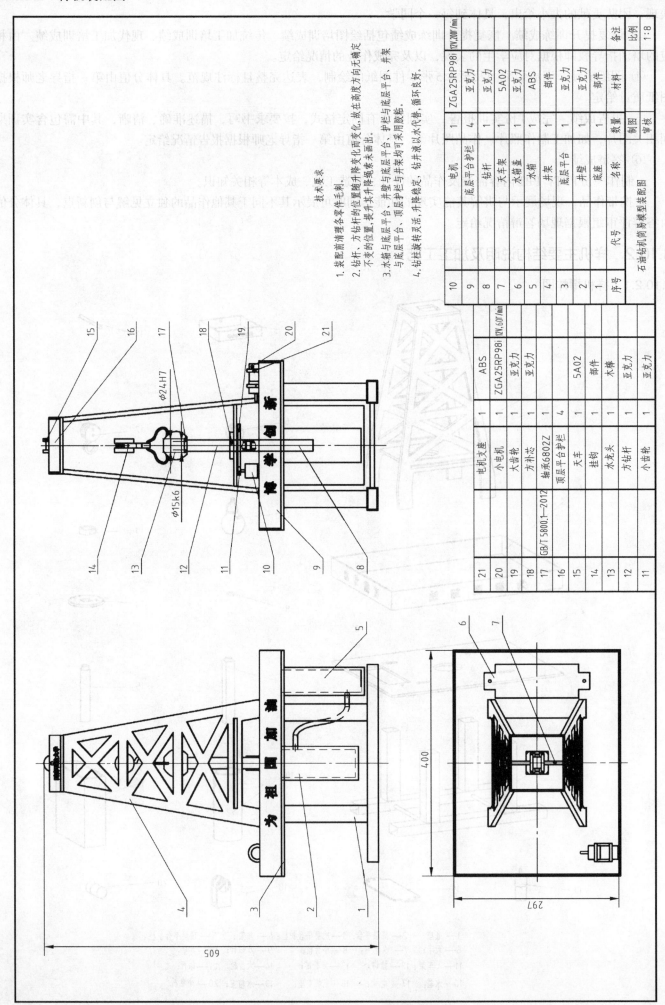

技术要求

1. 装配前清理各零件毛刺。
2. 钻杆、方钻杆的位置随升降而两面变化，故在高度方向无确定不变的位置，提升其升降绳索未画出。
3. 水箱与底层平台、井壁与底层平台、护栏与底层平台、井架与底层平台、顶层护栏与井架均可采用胶接。
4. 钻井液以水代替，钻井液装活，升降灵活，循环良好。

序号	代号	名称	数量	材料	备注
10		电机	1	ZGA25RP98i 12V,200r/min	
9		底层平台护栏	4	亚克力	
8		钻杆	1	5A02	
7		天车架	1	亚克力	
6		水箱盖	1	ABS	
5		水箱	1	部件	
4		井架	1	亚克力	
3		底层平台	1	亚克力	
2		井壁	1	部件	
1		底座	1		
		石油钻机简易模型装配图			制图
					审核
					比例 1:8

21		电机支座	1	ABS	
20		小电机	1	ZGA25RP98i 12V,60r/min	
19		大齿轮	1	亚克力	
18		方补芯	1	亚克力	
17	GB/T 5800.1—2012	轴承6802Z	4		
16		顶层平台护栏	1	5A02	
15		天车	1	部件	
14		挂钩	1	木棒	
13		水龙头	1	亚克力	
12		方钻杆	1	亚克力	
11		小齿轮	1		

3.10.2.3 样机零件图

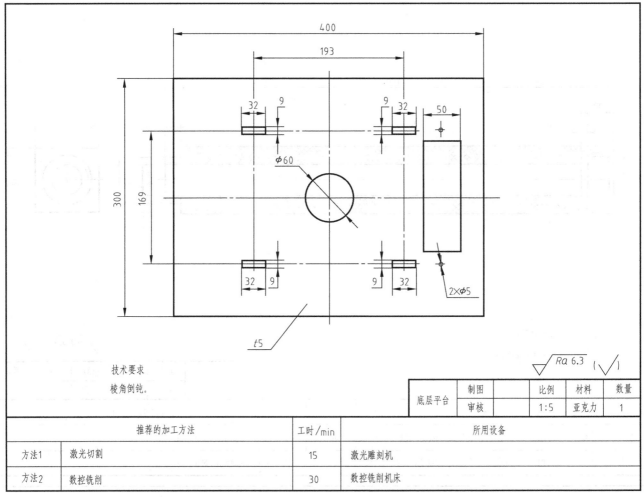

技术要求
棱角倒钝.

$\sqrt{Ra\,6.3}\,(\sqrt{})$

底层平台	制图		比例	材料	数量
	审核		1:5	亚克力	1

	推荐的加工方法	工时/min	所用设备
方法1	激光切割	15	激光雕刻机
方法2	数控铣削	30	数控铣削机床

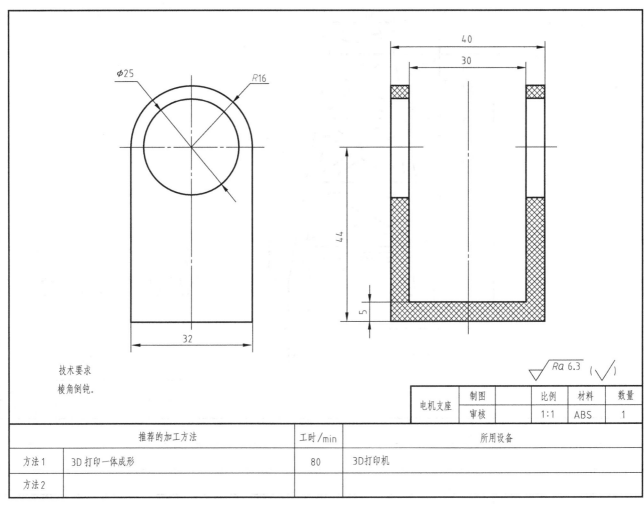

技术要求
棱角倒钝.

$\sqrt{Ra\,6.3}\,(\sqrt{})$

电机支座	制图		比例	材料	数量
	审核		1:1	ABS	1

	推荐的加工方法	工时/min	所用设备
方法1	3D打印一体成形	80	3D打印机
方法2			

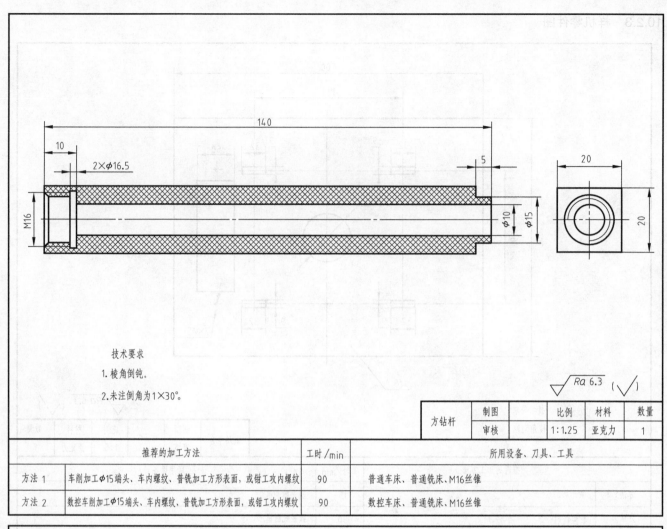

技术要求

1.棱角倒钝。

2.未注倒角为1×30°。

$\sqrt{\dfrac{Ra\ 6.3}{}}\left(\sqrt{}\right)$

方钻杆	制图		比例	材料	数量
	审核		1:1.25	亚克力	1

	推荐的加工方法	工时/min	所用设备、刀具、工具
方法 1	车削加工φ15端头、车内螺纹、普铣加工方形表面，或钳工攻内螺纹	90	普通车床、普通铣床、M16丝锥
方法 2	数控车削加工φ15端头、车内螺纹、普铣加工方形表面，或钳工攻内螺纹	90	数控车床、普通铣床、M16丝锥

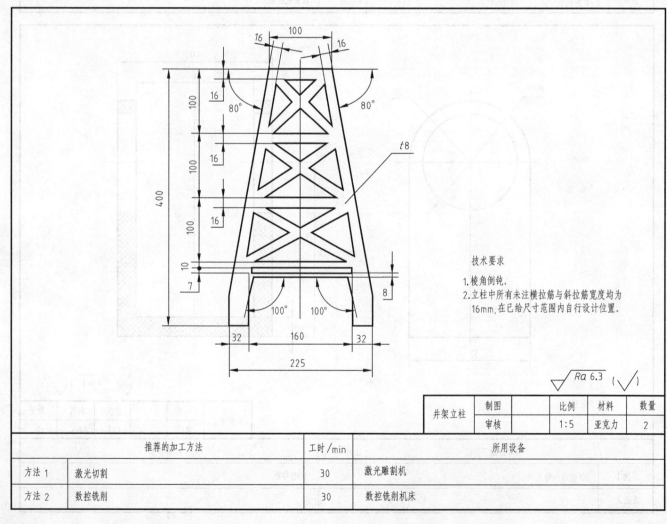

技术要求

1.棱角倒钝。

2.立柱中所有未注横拉筋与斜拉筋宽度均为16mm,在已给尺寸范围内自行设计位置。

$\sqrt{\dfrac{Ra\ 6.3}{}}\left(\sqrt{}\right)$

井架立柱	制图		比例	材料	数量
	审核		1:5	亚克力	2

	推荐的加工方法	工时/min	所用设备
方法 1	激光切割	30	激光雕割机
方法 2	数控铣削	30	数控铣削机床

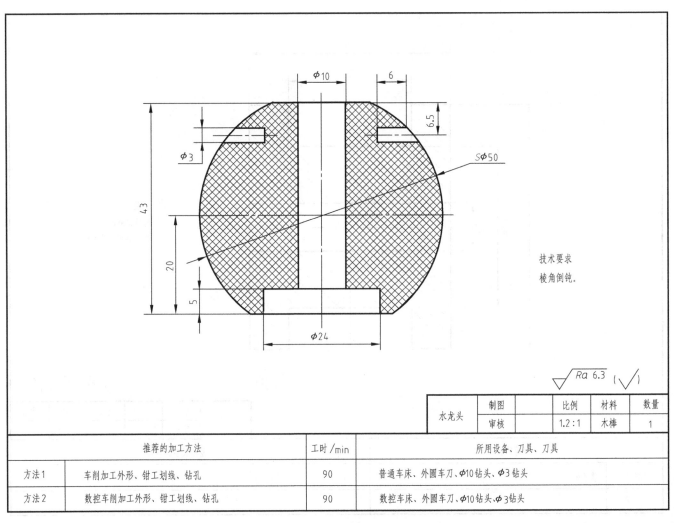

技术要求
棱角倒钝.

$\sqrt{}$ Ra 6.3 ($\sqrt{}$)

		制图		比例	材料	数量
水龙头		审核		1.2:1	木棒	1

	推荐的加工方法	工时/min	所用设备、刀具、刀具
方法1	车削加工外形、钳工划线、钻孔	90	普通车床、外圆车刀、φ10钻头、φ3钻头
方法2	数控车削加工外形、钳工划线、钻孔	90	数控车床、外圆车刀、φ10钻头、φ3钻头

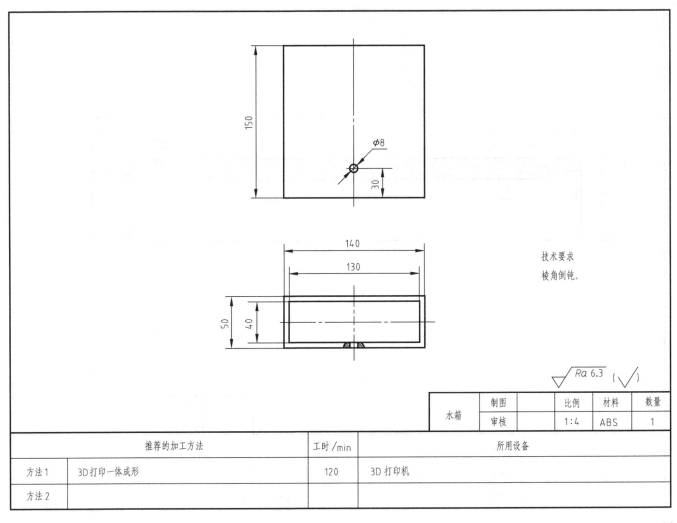

技术要求
棱角倒钝.

$\sqrt{}$ Ra 6.3 ($\sqrt{}$)

		制图		比例	材料	数量
水箱		审核		1:4	ABS	1

	推荐的加工方法	工时/min	所用设备
方法1	3D打印一体成形	120	3D打印机
方法2			

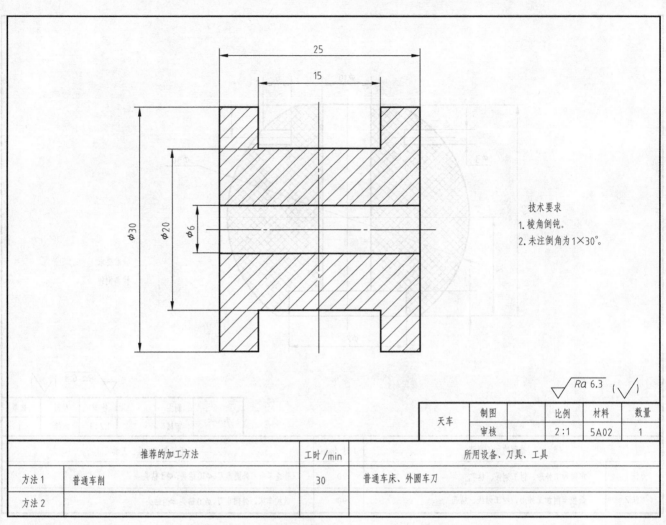

技术要求

1. 棱角倒钝。

2. 未注倒角为1×30°。

$\sqrt{Ra\,6.3}\,(\sqrt{})$

天车	制图		比例	材料	数量
	审核		2:1	5A02	1

推荐的加工方法		工时/min	所用设备、刀具、工具
方法1	普通车削	30	普通车床、外圆车刀
方法2			

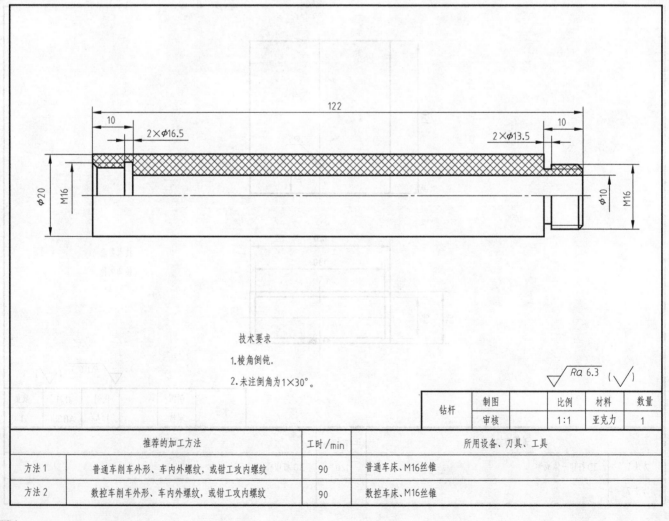

技术要求

1. 棱角倒钝。

2. 未注倒角为1×30°。

$\sqrt{Ra\,6.3}\,(\sqrt{})$

钻杆	制图		比例	材料	数量
	审核		1:1	亚克力	1

推荐的加工方法		工时/min	所用设备、刀具、工具
方法1	普通车削车外形、车内外螺纹，或钳工攻内螺纹	90	普通车床、M16丝锥
方法2	数控车削车外形、车内外螺纹，或钳工攻内螺纹	90	数控车床、M16丝锥

3.10.3 材料需求

表3-10 石油钻机简易模型材料（配件）清单

序号	材料(配件)名称	规格型号	数量	单价	金额/元	备注
1	亚克力板	$t3×500×500$	0.25m²	150元/m²	37.5	
2	亚克力板	$t5×500×500$	0.25m²	250元/m²	62.5	
3	亚克力板	$t8×80×40$	0.32m²	400元/m²	128.0	
4	亚克力板	$t8×10×35$	0.035m²	400元/m²	14.0	
5	铁板	$t1.5×100×100$	0.118kg	5元/kg	0.6	
6	铁板	$t1.5×160×160$	0.301kg	5元/kg	1.5	
7	方管	30×30×1.5	0.15m	10元/m	1.5	
8	矩管	40×20×1.5	0.35m	10元/m	3.5	
9	圆钢	$\phi8×1400$	0.552kg	5元/kg	2.8	
10	圆钢	$\phi10×150$	0.092kg	5元/kg	0.5	
11	圆钢	$\phi4×3500$	0.345kg	5元/kg	1.7	
12	亚克力管	$\phi20×\phi10$	0.12m	20元/m	2.4	
13	亚克力管	$\phi30×\phi10$	0.14m	30元/m	4.2	
14	亚克力管	$\phi60×\phi50$	0.15m	60元/m	9.0	
15	尼龙棒	$\phi60×50$	0.05m	30元/m	1.5	
16	木棒	$\phi60×80$	0.08m	10元/m	0.8	
17	铝棒	$\phi35×250$	0.649kg	40元/kg	26.0	
18	电机	9V,200r/min	1个	40元/个	40.0	
19	小电机	9V,60r/min	1个	40元/个	40.0	
20	电池	9V	3个	6元/个	18.0	
21	电池接线头		3副	1元/副	3.0	
22	开关		3个	1元/个	3.0	
23	大齿轮	内孔$\phi12$,m2,Z20	1个	12元/个	12	
24	小齿轮	内孔$\phi5$,m2,Z30	1个	12元/个	12	
25	泵	DC3.5-12V	1个	25元/个	25.0	
26	软管	$\phi8$	1m	2.5元/m	2.5	
27	软管铜接头	$\phi8$	1个	2元/个	2.0	
28	轴承	6807	1个	6元/个	6.0	
29	轴承	6802Z	1个	6元/个	6.0	
30	AB胶		1支	5元/支	5.0	
材料费用（F）合计/元					472.4	
31	钻头	$\phi3$	2支	0.75元/支	1.4	
32	钻头	$\phi10$	2支	12元/支	24	
33	板牙	M16	2个	18元/个	36	
34	丝锥	M16	2支	35元/支	70	
刀具、工具费用合计/元					131.4	

注：材料价格参照第2章表2-11材料参考价格，刀具、工具费用不计入成本分析。

3.10.4 成本核算

此处仅核算样机试制的成本，故应按照单件小批量生产的组织形式，毛坯考虑采用型材，直接在市场购得，并采用通用机床集中加工，成本分析从直接材料费用、直接人工费用和制造费用考虑，其计算方法如下。

3.10.4.1 直接材料费用 F

根据表3-10石油钻机简易模型材料（配件）清单，该样机直接材料费用为 F=472.4元。

3.10.4.2 直接人工费用 S

根据第2章表2-12成都市机械制造工人小时工资参考，计算得到制造石油钻机简易模型的直接人工工时费用 S=156元。

3.10.4.3 制造费用 M

根据第2章表2-13机床小时费率参考，计算得到石油钻机简易模型的制造费用 M=201元。

3.10.4.4 总成本 C

根据以上统计，石油钻机简易模型总成本为

$$C=F+S+M=472.4+156+201=829.4（元）$$

3.10.5 学生参与设计的内容及制作要求

3.10.5.1 自主设计要求

学生设计的石油钻机简易模型总体结构形式可参照本命题实例的样机。在实现命题的基本功能，达到命题规定的基本结构、基本条件下可自主设计。

① 石油钻机模型的整体大小可自主设计决定，最大长×宽×高不超过400mm×350mm×600mm即可，协调美观。

② 平台上的各物件及各种装饰可自主设计。

③ 需与所发放电机、轴承、齿轮等配合的部位按对应形状尺寸设计加工，保证良好配合。

④ 设计时要考虑材料和工艺对成本的影响，力求经济。

3.10.5.2 制作要求

① 石油钻机简易模型中零件的加工可参考样机实例推荐的加工工艺，但激光切割加工方式完成的零件不得超过总工作量的30%。

② 认真分析每个零件的加工工艺流程，再通过实际加工过程进行反思和总结，最后书写石油钻机的机械加工工艺过程卡。

3.11 烛台的设计与制作

3.11.1 命题描述

3.11.1.1 基本功能

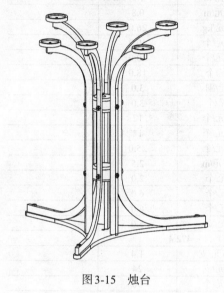

在给定条件下，设计一种可以使用常规蜡烛的烛台，既有功能性，也有观赏性，如图3-15所示。

3.11.1.2 基本结构

① 底座，除要求与烛台尺寸的协调性外，还要注意烛台的稳定性。

② 立柱，用于固定烛台的支撑，并方便烛台的拿取。

③ 支撑，用于固定蜡烛，并有一定防蜡溢流的作用。

3.11.1.3 基本条件

烛台整体尺寸300mm×300mm×500mm。

3.11.1.4 评分细则

综合实训成绩=考勤成绩(15%)+作业成绩(20%)+报告成绩(20%)+图纸成绩(20%)+营销成绩(25%)。

营销评分规则：采用小组内营销模式，每个人为其他组的作品给出两个成绩，即作品成绩（15%）和营销成绩（10%）。

其他成绩与综合实训大纲一致。

图3-15　烛台

3.11.2 样机主要结构说明及加工工艺

3.11.2.1 样机爆炸图

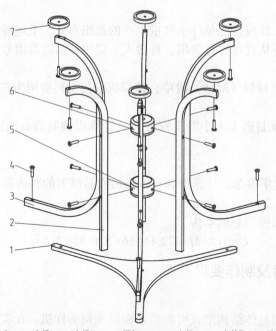

1—底座；2—支撑I；3—支撑II；4—螺钉M3；5—立柱I；6—立柱II；7—溢流盘

3.11.2.2 样机装配图

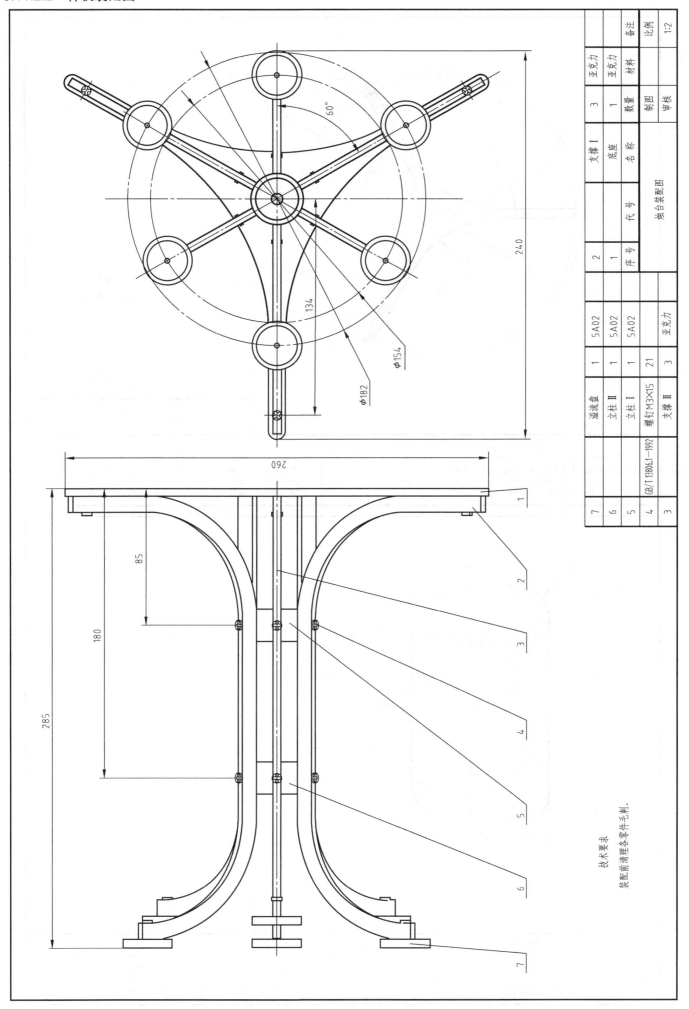

7		溢流盘	1		5A02	亚克力	
6		立柱 II	1		5A02	亚克力	
5		立柱 I	1		5A02	底座	1	亚克力	
4	GB/T 13806.1—1992	螺钉 M3×15	21			支撑 I	3	亚克力	
3		支撑 II	3		亚克力	名称	数量	材料	备注
序号	代号	名称	数量		材料				

组合装配图

制图
审核
比例 1:2

技术要求
装配前清理各零件毛刺。

127

3.11.2.3 样机零件图

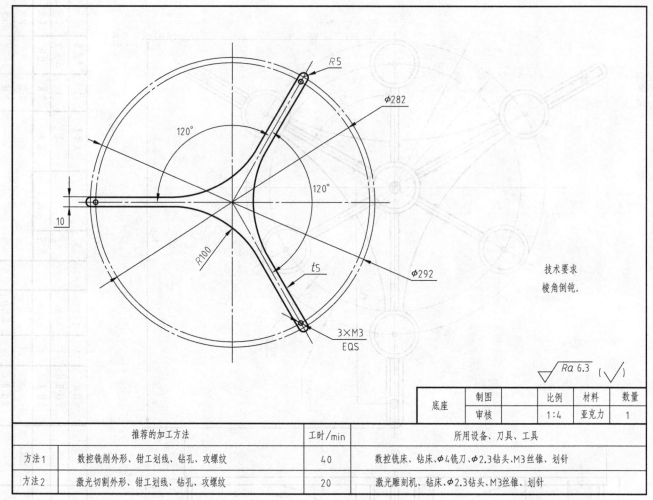

技术要求
棱角倒钝。

底座	制图		比例	材料	数量
	审核		1:4	亚克力	1

	推荐的加工方法	工时/min	所用设备、刀具、工具
方法1	数控铣削外形、钳工划线、钻孔、攻螺纹	40	数控铣床、钻床、φ4铣刀、φ2.3钻头、M3丝锥、划针
方法2	激光切割外形、钳工划线、钻孔、攻螺纹	20	激光雕刻机、钻床、φ2.3钻头、M3丝锥、划针

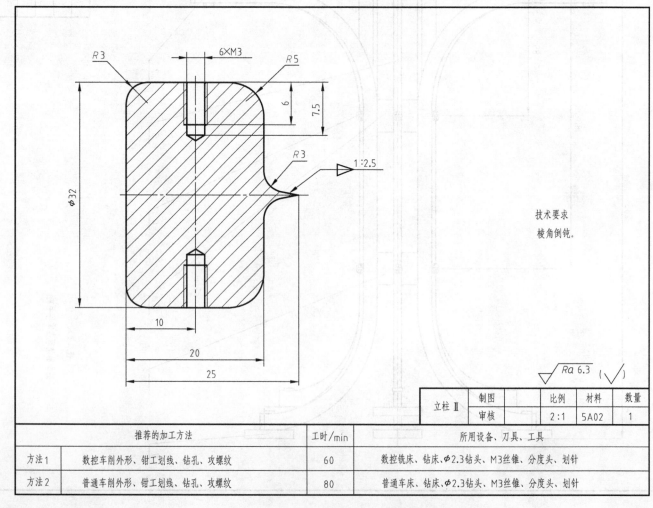

技术要求
棱角倒钝。

立柱Ⅱ	制图		比例	材料	数量
	审核		2:1	5A02	1

	推荐的加工方法	工时/min	所用设备、刀具、工具
方法1	数控车削外形、钳工划线、钻孔、攻螺纹	60	数控铣床、钻床、φ2.3钻头、M3丝锥、分度头、划针
方法2	普通车削外形、钳工划线、钻孔、攻螺纹	80	普通车床、钻床、φ2.3钻头、M3丝锥、分度头、划针

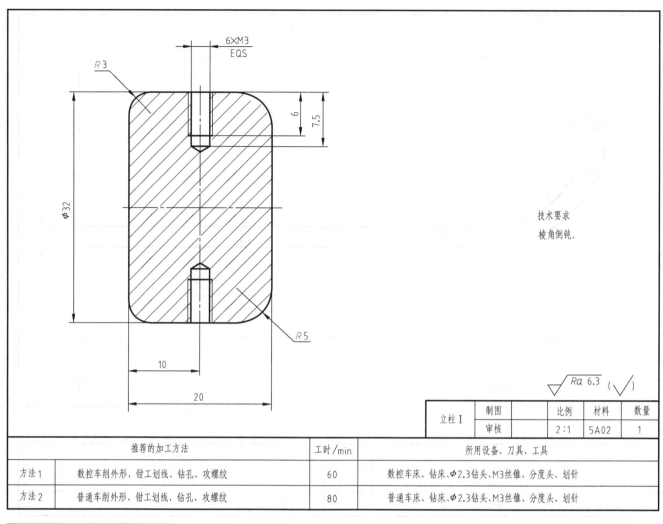

技术要求
棱角倒钝。

$\sqrt{Ra\ 6.3}$ ($\sqrt{}$)

立柱I	制图		比例	材料	数量
	审核		2:1	5A02	1

	推荐的加工方法	工时/min	所用设备、刀具、工具
方法1	数控车削外形、钳工划线、钻孔、攻螺纹	60	数控车床、钻床、φ2.3钻头、M3丝锥、分度头、划针
方法2	普通车削外形、钳工划线、钻孔、攻螺纹	80	普通车床、钻床、φ2.3钻头、M3丝锥、分度头、划针

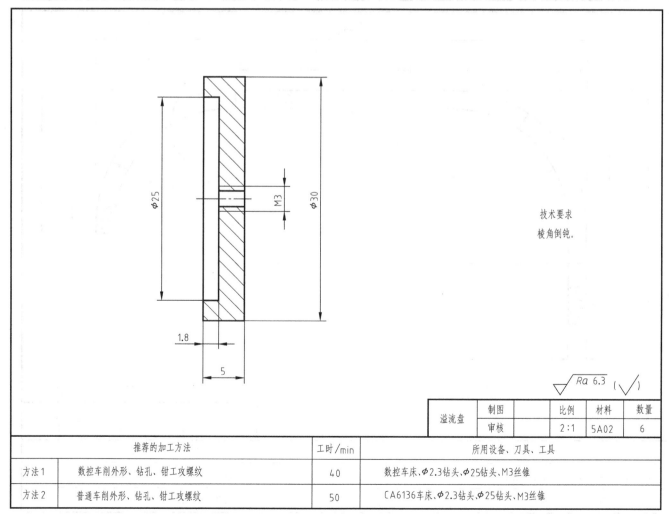

技术要求
棱角倒钝。

$\sqrt{Ra\ 6.3}$ ($\sqrt{}$)

溢流盘	制图		比例	材料	数量
	审核		2:1	5A02	6

	推荐的加工方法	工时/min	所用设备、刀具、工具
方法1	数控车削外形、钻孔、钳工攻螺纹	40	数控车床、φ2.3钻头、φ25钻头、M3丝锥
方法2	普通车削外形、钻孔、钳工攻螺纹	50	CA6136车床、φ2.3钻头、φ25钻头、M3丝锥

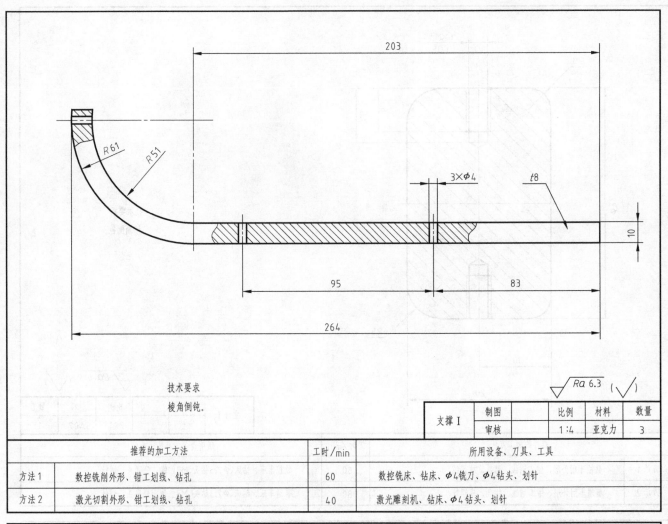

技术要求
棱角倒钝。

$\sqrt{Ra\ 6.3}$ ($\sqrt{}$)

支撑 I	制图		比例	材料	数量
	审核		1:4	亚克力	3

推荐的加工方法		工时/min	所用设备、刀具、工具
方法1	数控铣削外形、钳工划线、钻孔	60	数控铣床、钻床、φ4铣刀、φ4钻头、划针
方法2	激光切割外形、钳工划线、钻孔	40	激光雕刻机、钻床、φ4钻头、划针

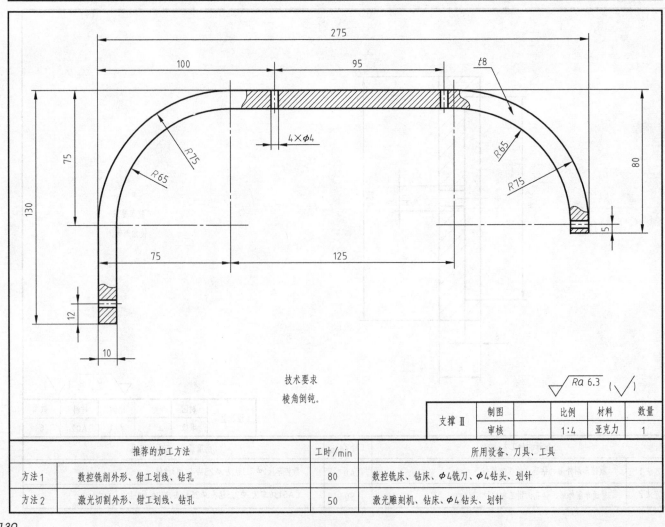

技术要求
棱角倒钝。

$\sqrt{Ra\ 6.3}$ ($\sqrt{}$)

支撑 II	制图		比例	材料	数量
	审核		1:4	亚克力	1

推荐的加工方法		工时/min	所用设备、刀具、工具
方法1	数控铣削外形、钳工划线、钻孔	80	数控铣床、钻床、φ4铣刀、φ4钻头、划针
方法2	激光切割外形、钳工划线、钻孔	50	激光雕刻机、钻床、φ4钻头、划针

3.11.3　材料需求

表3-11　烛台制作材料（配件）清单

序号	材料(配件)名称	规格型号	数量	单价	金额/元	备注
1	铝棒	$\phi35\times100$	0.26kg	40元/kg	10.4	
2	亚克力	$t8\times350\times200$	0.07m²	400元/m²	28	
3	亚克力	$t5\times300\times250$	0.075m²	250元/m²	18.75	
材料费用(F)合计/元					57.2	
4	钻头	$\phi2.3$	5支	0.7元/支	3.5	
5	钻头	$\phi25$	1支	98元/支	98	
6	丝锥	M3	5支	9元/支	45	
刀具、工具费用合计/元					146.5	

注：材料价格参照第2章表2-11材料参考价格，刀具、工具费用不计入成本分析。

3.11.4　成本核算

此处仅核算样机试制的成本，为学生选题和教师指导提供参考。该烛台样机的成本主要包含直接材料费用、直接人工费用和制造费用，其分类如下。

3.11.4.1　直接材料费用 F

根据表3-11烛台制作材料（配件）清单，该烛台样机试制直接材料费用为 F=57.2元。

3.11.4.2　直接人工费用 S

根据第2章表2-12成都市机械制造工人小时工资参考，制造烛台的直接人工工时费用 S=210元。

3.11.4.3　制造费用 M

根据第2章表2-13机床小时费率参考，计算得到烛台的制造费用 M=280元。

3.11.4.4　总成本 C

根据以上统计，烛台总成本为

$$C=F+S+M=57.2+210+280=547.2（元）$$

3.11.5　学生参与设计的内容及制作要求

3.11.5.1　自主设计要求

学生设计的烛台应达到命题规定的基本结构、基本条件，总体结构形式可参照本命题实例的样机，但以下几个方面需自主设计。

① 放置蜡烛的位置学生自行选定和设计。

② 拿取的便捷性需要学生设计，并考虑可加工性以及美观性。

③ 底盘的结构形式以及加工方式学生自行设计。

④ 设计时要考虑材料和工艺对成本的影响，力求经济。

3.11.5.2　制作要求

① 烛台零件的加工可参考样机实例推荐的加工工艺，但激光切割加工方式完成的零件不得超过总工作量的30%。

② 认真分析每个零件的加工工艺流程，再通过实际加工过程进行反思和总结，最后书写立柱和支撑的机械加工工艺过程卡。

3.12　液压机械臂的设计与制作

3.12.1　命题描述

扫描二维码查看视频。

3.12.1.1　基本功能

在给定条件下，设计一种利用液压驱动的机械臂进行抓运物品的比赛，如图3-16所示，利用手柄控制机械臂抓起物品并运到指定的地点，以成功抓运的物品数量计分。

3.12.1.2　基本结构

① 机械臂由底板、控制支架、液压筒、立柱、大臂和机械臂爪等组成。

② 要求机械臂爪可实现对物品的抓运，大臂可升降，整个机械臂爪可旋转。

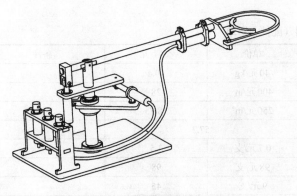

图3-16 液压机械臂示意图

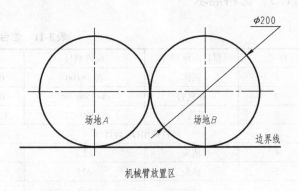

机械臂放置区

图3-17 比赛区域示意图

3.12.1.3 基本条件

① 抓运物品所需的能量均由液压筒转换获得，不可使用任何其他能量形式。

② 机械臂的整体尺寸不能太大，底板尺寸需在250mm×200mm以内。

3.12.1.4 比赛规则

① 比赛前将所有作品放在待比赛区，不允许再调试作品。比赛次数为2次，每次调整和运行时间为2min，取2次中的最好成绩。

② 比赛时统一提供抓运的物品，机械臂需放置在规定区域，底板不能超过边界线。参赛者需在限定时间内将物品从场地A（B）抓运到场地B（A），每次限抓一个物品（图3-17）。比赛过程中，参赛者不得用手接触抓运的物品，不得加以任何外力促进机械臂对物品的抓运。

③ 以成功抓运物品的个数记成绩，搬运过程中，物品必须离开地面，搬运结束后，物品不倒地且在场地范围内，若物品未倒地但有小部分（一半以内）在场地范围以外记半个，其余情况不计成绩。

④ 每组指定专人来放置和取走物品（物品需完全放好不倒的情况下才能取走），在比赛过程中，违规操作将不计当次成绩，单轮比赛时间达到2min视为比赛结束。

⑤ 每个项目的比赛成绩第一名计100分，最后一名计70分，每个队的成绩A=70+30×本队计数/本项目最高计数。

⑥ 比赛总成绩计入综合实训成绩。

⑦ 成立竞赛组委会。成立专门的组委会运行该项赛事。

3.12.2 样机主要结构说明及加工工艺

3.12.2.1 样机爆炸图

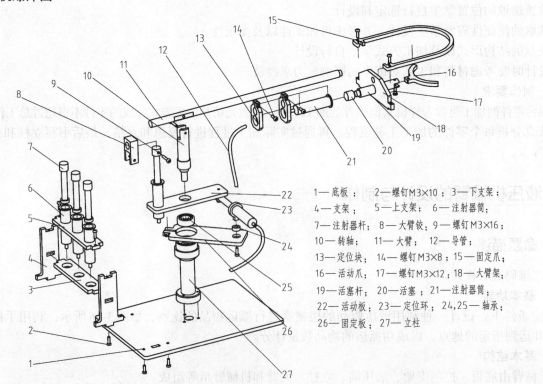

1—底板；2—螺钉M3×10；3—下支架；
4—支架；5—上支架；6—注射器筒；
7—注射器杆；8—大臂铰；9—螺钉M3×16；
10—转轴；11—大臂；12—导管；
13—定位块；14—螺钉M3×8；15—固定爪；
16—活动爪；17—螺钉M3×12；18—大臂架；
19—活塞杆；20—活塞；21—注射器筒；
22—活动板；23—定位环；24,25—轴承；
26—固定板；27—立柱

3.12.2.2 样机装配图

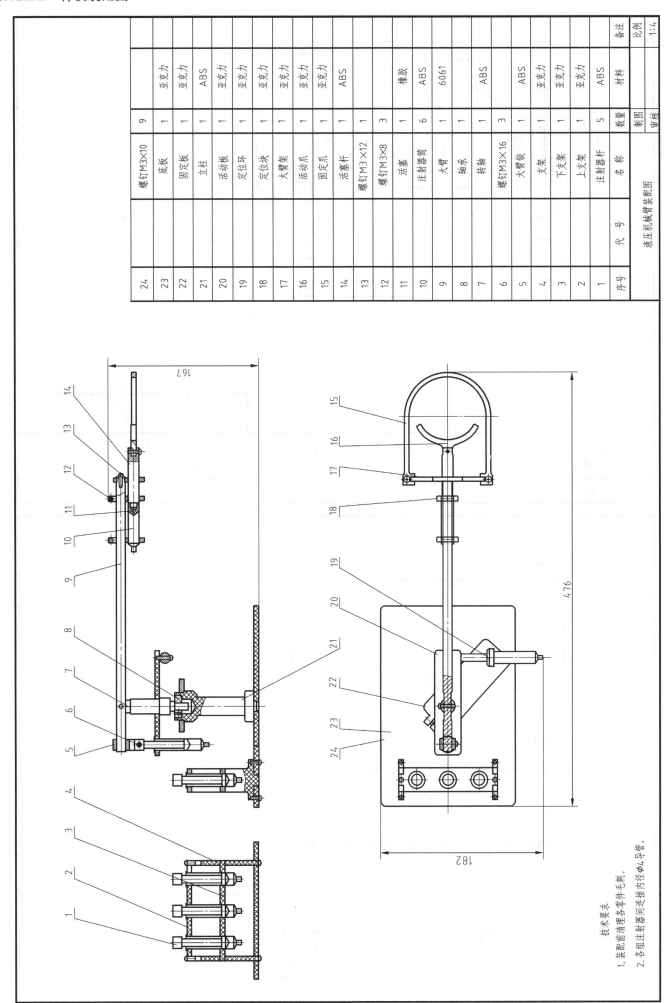

序号	代　号	名　称	数量	材料	备注
24		螺钉M3×10	9	亚克力	
23		底板	1	亚克力	
22		固定板	1	ABS	
21		立柱	1	亚克力	
20		活动板	1	亚克力	
19		定位环	1	亚克力	
18		定位块	1	亚克力	
17		大臂架	1	亚克力	
16		活动爪	1	亚克力	
15		固定爪	1	亚克力	
14		活塞杆	1	ABS	
13		螺钉M3×12	3		
12		螺钉M3×8	1		
11		活塞	1	橡胶	
10		注射器筒	6	ABS	
9		大臂	1	6061	
8		轴承	1		
7		转轴	1	ABS	
6		螺钉M3×16	3		
5		大臂铰	1	ABS	
4		支架	1	亚克力	
3		下支架	1	亚克力	
2		上支架	1	亚克力	
1		注射器杆	5	ABS	

液压机械臂装配图

制图　　　　　比例　1:4
审核

技术要求
1. 装配前清理各零件毛刺。
2. 各组注射器间连接内径Φ4导管。

133

3.12.2.3 样机零件图

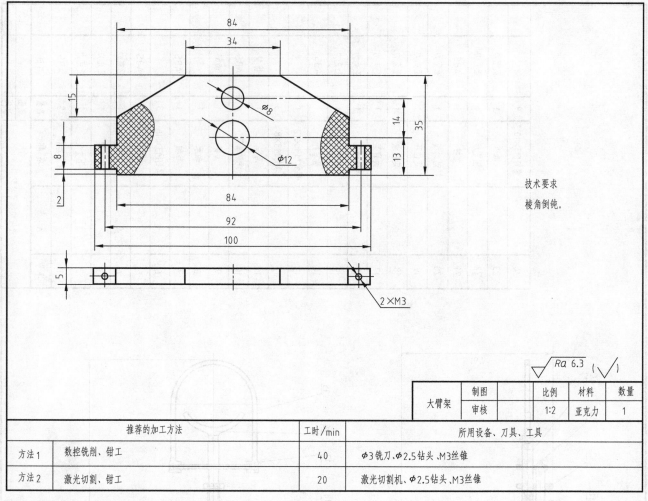

技术要求
棱角倒钝。

Ra 6.3 (√)

大臂架	制图		比例	材料	数量
	审核		1:2	亚克力	1

推荐的加工方法		工时/min	所用设备、刀具、工具
方法1	数控铣削、钳工	40	φ3铣刀、φ2.5钻头、M3丝锥
方法2	激光切割、钳工	20	激光切割机、φ2.5钻头、M3丝锥

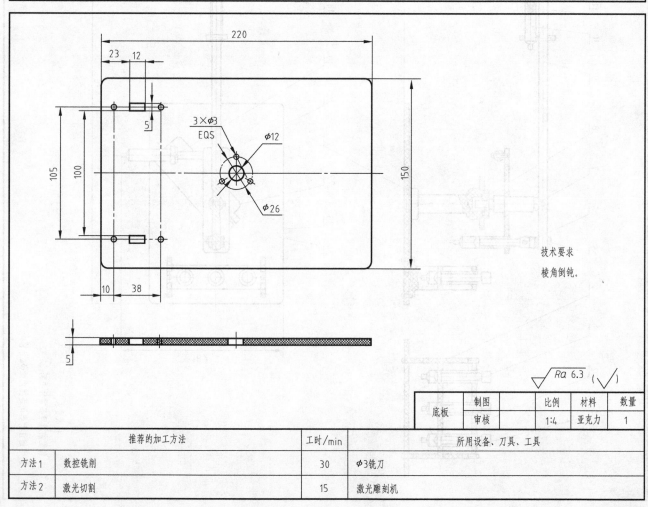

技术要求
棱角倒钝。

Ra 6.3 (√)

底板	制图		比例	材料	数量
	审核		1:4	亚克力	1

推荐的加工方法		工时/min	所用设备、刀具、工具
方法1	数控铣削	30	φ3铣刀
方法2	激光切割	15	激光雕刻机

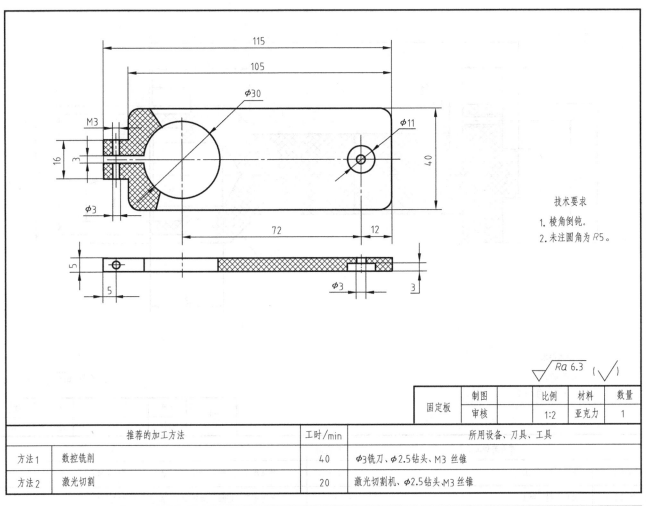

技术要求
1. 棱角倒钝。
2. 未注圆角为 R5。

$\sqrt{Ra\ 6.3}$ ($\sqrt{}$)

固定板	制图		比例	材料	数量
	审核		1:2	亚克力	1

	推荐的加工方法	工时/min	所用设备、刀具、工具
方法1	数控铣削	40	φ3铣刀、φ2.5钻头、M3 丝锥
方法2	激光切割	20	激光切割机、φ2.5钻头、M3 丝锥

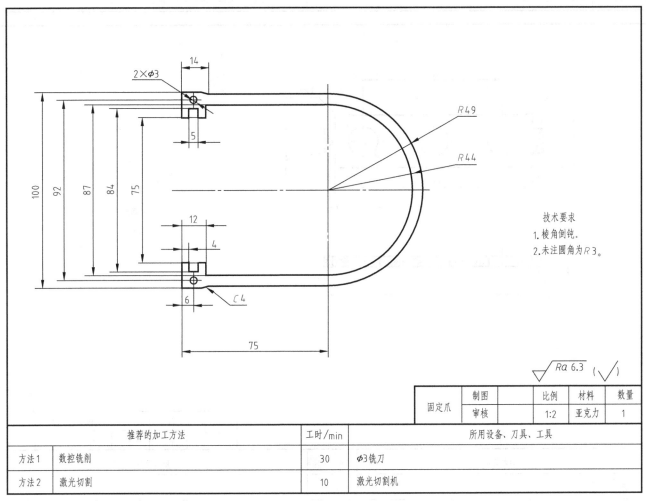

技术要求
1. 棱角倒钝。
2. 未注圆角为 R3。

$\sqrt{Ra\ 6.3}$ ($\sqrt{}$)

固定爪	制图		比例	材料	数量
	审核		1:2	亚克力	1

	推荐的加工方法	工时/min	所用设备、刀具、工具
方法1	数控铣削	30	φ3铣刀
方法2	激光切割	10	激光切割机

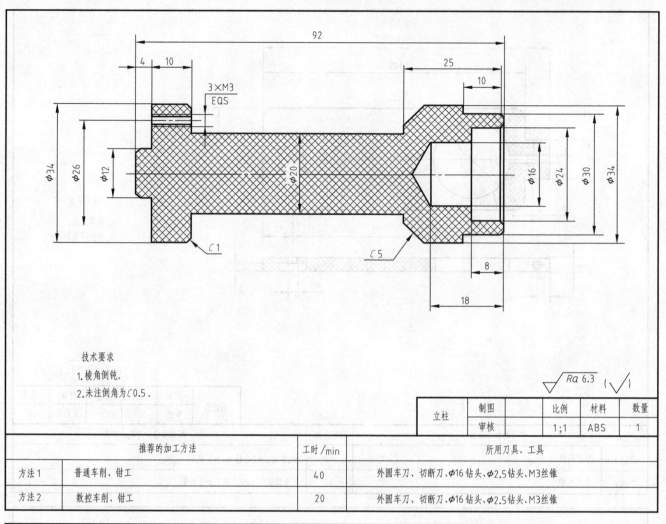

技术要求

1. 棱角倒钝。

2. 未注倒角为C0.5。

$\sqrt{Ra\ 6.3}$ ($\sqrt{}$)

立柱	制图		比例	材料	数量
	审核		1:1	ABS	1

	推荐的加工方法	工时/min	所用刀具、工具
方法1	普通车削、钳工	40	外圆车刀、切断刀、φ16钻头、φ2.5钻头、M3丝锥
方法2	数控车削、钳工	20	外圆车刀、切断刀、φ16钻头、φ2.5钻头、M3丝锥

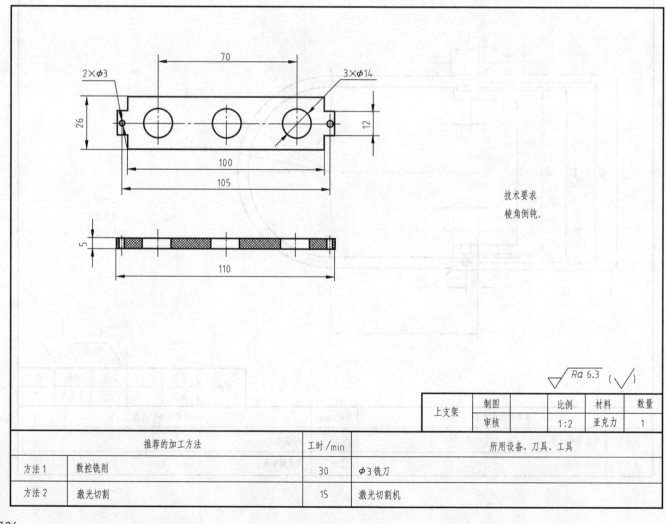

技术要求

棱角倒钝。

$\sqrt{Ra\ 6.3}$ ($\sqrt{}$)

上支架	制图		比例	材料	数量
	审核		1:2	亚克力	1

	推荐的加工方法	工时/min	所用设备、刀具、工具
方法1	数控铣削	30	φ3铣刀
方法2	激光切割	15	激光切割机

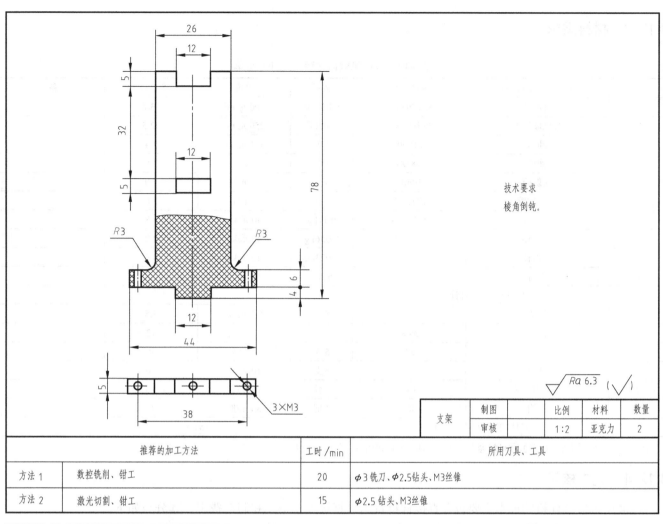

技术要求
棱角倒钝。

$Ra\ 6.3$ (√)

支架	制图		比例	材料	数量
	审核		1:2	亚克力	2

	推荐的加工方法	工时 /min	所用刀具、工具
方法 1	数控铣削、钳工	20	φ3铣刀、φ2.5钻头、M3丝锥
方法 2	激光切割、钳工	15	φ2.5钻头、M3丝锥

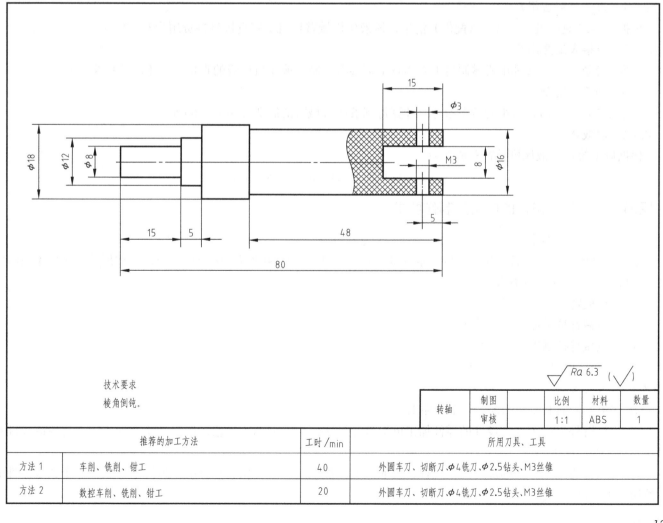

技术要求
棱角倒钝。

$Ra\ 6.3$ (√)

转轴	制图		比例	材料	数量
	审核		1:1	ABS	1

	推荐的加工方法	工时 /min	所用刀具、工具
方法 1	车削、铣削、钳工	40	外圆车刀、切断刀、φ4铣刀、φ2.5钻头、M3丝锥
方法 2	数控车削、铣削、钳工	20	外圆车刀、切断刀、φ4铣刀、φ2.5钻头、M3丝锥

3.12.3 材料需求

表 3-12 液压机械臂材料（配件）清单

序号	材料(配件)名称	规格型号	数量	单价	金额/元	备注
1	有机玻璃板	t8×220×150	0.033m²	400元/m²	13.2	
2	有机玻璃板	t5×300×300	0.09m²	250元/m²	22.5	
3	轴承	61900	1个	8.4元/个	8.4	
4	轴承	F685ZZ	1个	7.8元/个	7.8	
5	注射筒	10mL	6个	0.5元/个	3.0	
6	塑料软管	内径φ4	1m	3元/m	3.0	
7	ABS棒	φ35×150	0.17kg	40元/kg	6.8	
8	ABS棒	φ20×150	0.056kg	40元/kg	2.2	
9	ABS棒	φ10×250	0.023kg	40元/kg	0.9	
10	螺钉	M3	50个	0.1元/个	5.0	
材料费用(F)合计/元					72.9	
11	钻头	φ2.5	5支	0.7元/支	3.5	
12	钻头	φ9.8	1支	12元/支	12	
13	铣刀	φ4	5支	8元/支	40	
14	铣刀	φ5	5支	10元/支	50	
15	小锉刀套装	160	1套	16元/套	16	
16	手钳	8"	1把	30元/把	30	
刀具、工具费用合计/元					151.5	

注：材料价格参照第2章表2-11材料参考价格，刀具、工具费用不计入成本分析。

3.12.4 成本核算

该液压机械臂样机的成本主要包含直接材料费用、直接人工费用和制造费用，其分类如下。

3.12.4.1 直接材料费用 F

根据表3-12液压机械臂材料（配件）清单，该液压机械臂样机试制直接材料费用为 F=72.9元。

3.12.4.2 直接人工费用 S

根据第2章表2-12成都市机械制造工人小时工资参考，制造液压机械臂的直接人工工时费用 S=246元。

3.12.4.3 制造费用 M

根据第2章表2-13机床小时费率参考，计算得到液压机械臂的制造费用 M=360元。

3.12.4.4 总成本 C

根据以上统计，液压机械臂总成本为

$$C=F+S+M=72.9+246+360=678.9（元）$$

3.12.5 学生参与设计的内容及制作要求

3.12.5.1 自主设计要求

学生设计的液压机械臂应达到命题规定的基本结构、基本条件和比赛规则要求，总体结构形式可参照本命题实例的样机，但以下几个方面需自主设计。

① 对机械臂升降度、旋转角度的设计。

② 对机械臂爪手抓运端的设计。

③ 对机械臂控制手柄限位的设计。

④ 对机械臂外形的个性化设计。

3.12.5.2 制作要求

① 注射器杆需利用车削加工，至少加工一个。

② 机械臂外形的个性化设计的零件加工可参考样机实例推荐的加工工艺，但激光切割加工方式完成的零件不得超过总工作量的30%。

③ 认真分析每个零件的加工工艺流程，再通过实际加工过程进行反思和总结，最后书写至少一个典型零件的机械加工工艺过程卡。

3.13 电动石磨的设计与制作

3.13.1 命题描述

3.13.1.1 基本功能

在电动机的驱动下,通过传动系统,带动上磨盘转动,磨碎与静止的下磨盘之间的粮食;通过转换机构,在电动机不能工作时,实现电动与手动的转换,以人力驱动石磨工作。

3.13.1.2 基本结构

电动石磨由支撑系统、传动系统、接料盘、上下磨盘等几部分组成,如图3-18所示。

3.13.1.3 基本条件

① 电动机统一提供,规格尺寸给定。

② 磨盘材料给定。

③ 支撑方式、传动方式自行设计。

3.13.1.4 评分细则

① 在给定条件下进行结构创新设计,满足石磨的基本功能要求。

② 成绩构成主要根据作品的结构及功能做出综合评价。

③ 总成绩=方案创新性(30%)+结构合理性(20%)+作品可靠性、稳定性及可拆卸性(30%)+作品加工工艺性(10%)+作品外观(10%)。

④ 作品成绩由教师和学生组成的评委组,依据上述成绩评定标准,进行打分,取平均成绩得出。

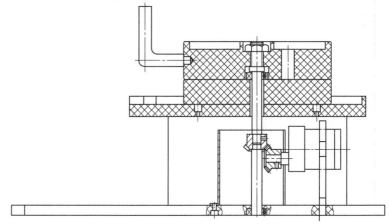

图3-18 电动石磨示意图

3.13.2 样机主要结构说明及加工工艺

3.13.2.1 样机爆炸图

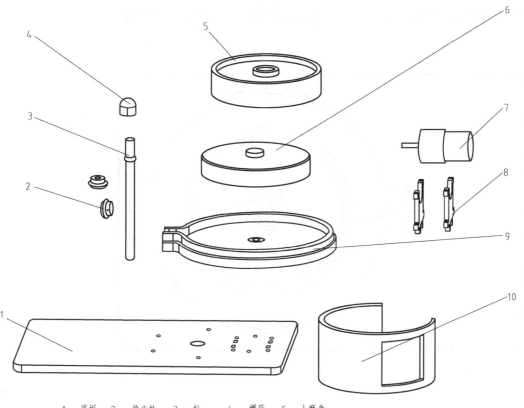

1—底板;2—锥齿轮; 3—轴; 4—螺母; 5—上磨盘;
6—下磨盘;7—电动机; 8—固定板;9—接料盘;10—支架

3.13.2.2 样机装配图

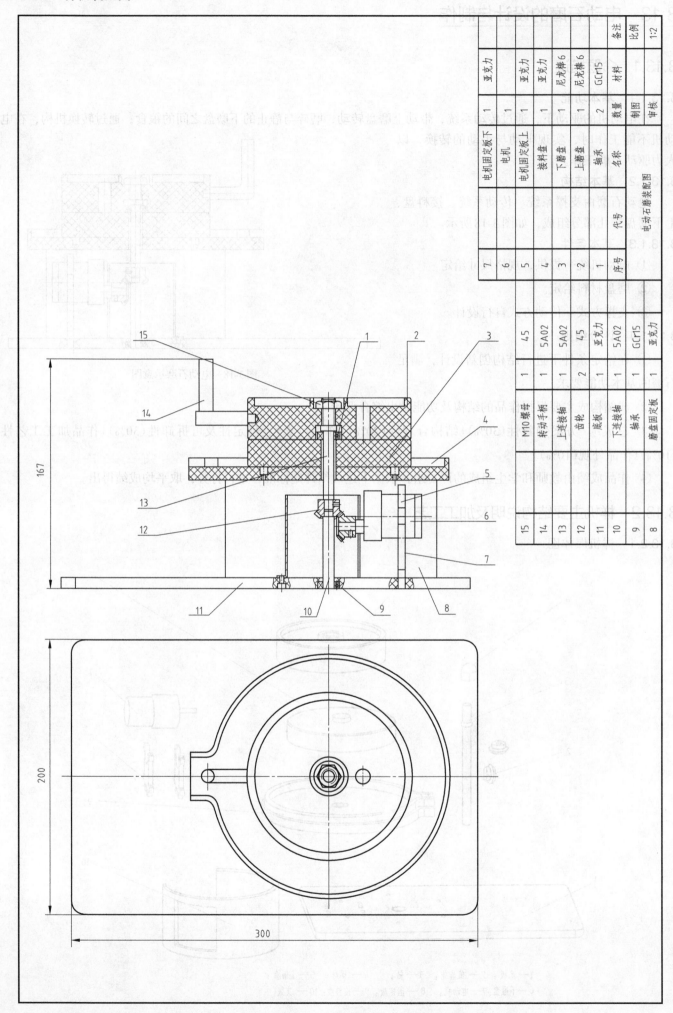

序号	代号	名称	数量	材料	备注
7		电机固定板下	1	亚克力	
6		电机	1		
5		电机固定板上	1	亚克力	
4		接料盘	1	亚克力	
3		下磨盘	1	尼龙棒6	
2		上磨盘	1	尼龙棒6	
1		轴承	2	GCr15	

电动石磨装配图

制图　　审核　　比例　1:2

15	M10螺母	1	45
14	转动手柄	1	5A02
13	上连接轴	1	5A02
12	齿轮	2	45
11	底板	1	亚克力
10	下连接轴	1	5A02
9	轴承	1	GCr15
8	磨盘固定板	1	亚克力

140

3.13.2.3 样机零件图

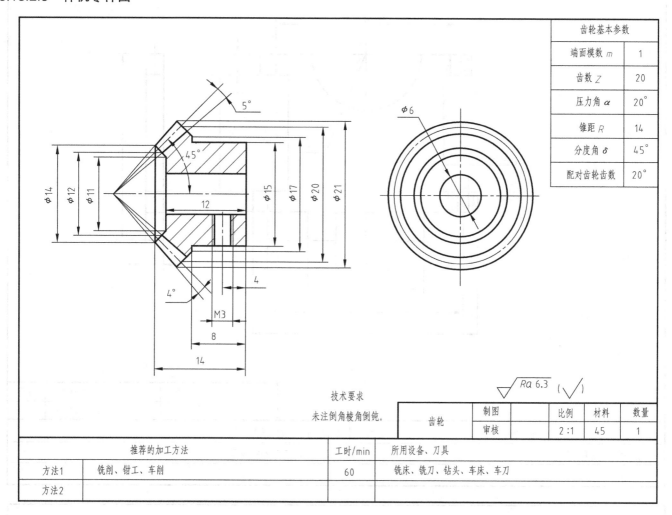

齿轮基本参数	
端面模数 m	1
齿数 Z	20
压力角 α	20°
锥距 R	14
分度角 δ	45°
配对齿轮齿数	20

技术要求

未注倒角棱角倒钝。

$\sqrt{Ra\,6.3}$ (√)

齿轮	制图		比例	材料	数量
	审核		2:1	45	1

	推荐的加工方法	工时/min	所用设备、刀具
方法1	铣削、钳工、车削	60	铣床、铣刀、钻头、车床、车刀
方法2			

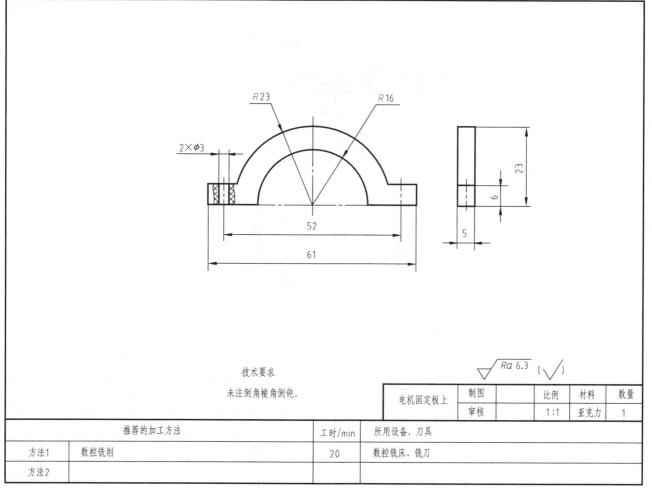

技术要求

未注倒角棱角倒钝。

$\sqrt{Ra\,6.3}$ (√)

电机固定板上	制图		比例	材料	数量
	审核		1:1	亚克力	1

	推荐的加工方法	工时/min	所用设备、刀具
方法1	数控铣削	20	数控铣床、铣刀
方法2			

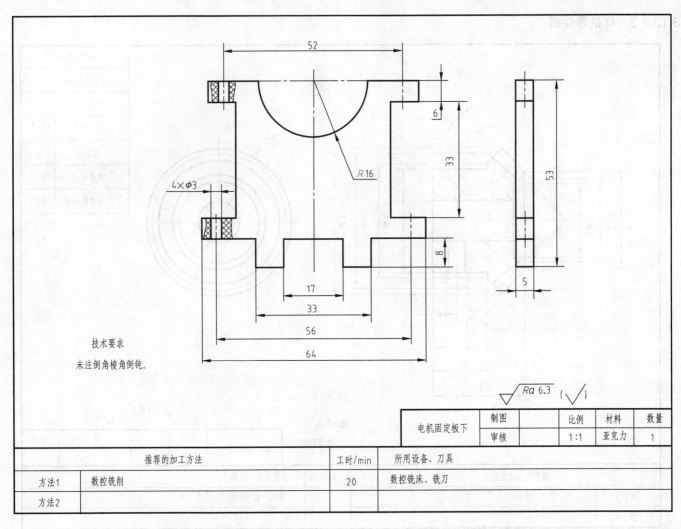

技术要求
未注倒角棱角倒钝。

$\sqrt{\dfrac{Ra\ 6.3}{}}\ (\sqrt{})$

电机固定板下	制图		比例	材料	数量
	审核		1:1	亚克力	1

	推荐的加工方法	工时/min	所用设备、刀具
方法1	数控铣削	20	数控铣床、铣刀
方法2			

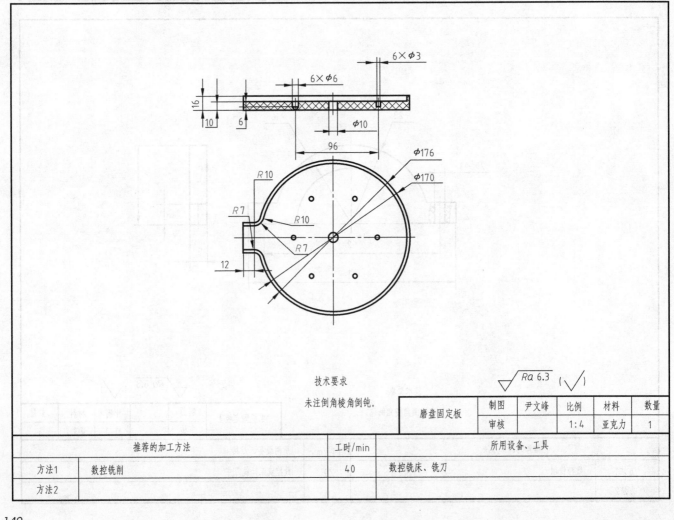

技术要求
未注倒角棱角倒钝。

$\sqrt{\dfrac{Ra\ 6.3}{}}\ (\sqrt{})$

磨盘固定板	制图	尹文峰	比例	材料	数量
	审核		1:4	亚克力	1

	推荐的加工方法	工时/min	所用设备、工具
方法1	数控铣削	40	数控铣床、铣刀
方法2			

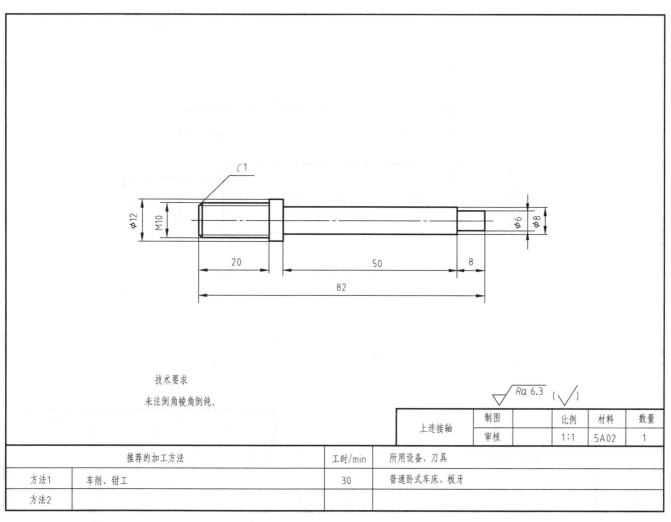

技术要求

未注倒角棱角倒钝。

$\sqrt{\frac{Ra\ 6.3}{}}$ ($\sqrt{}$)

上连接轴	制图		比例	材料	数量
	审核		1:1	5A02	1

推荐的加工方法		工时/min	所用设备、刀具
方法1	车削、钳工	30	普通卧式车床、板牙
方法2			

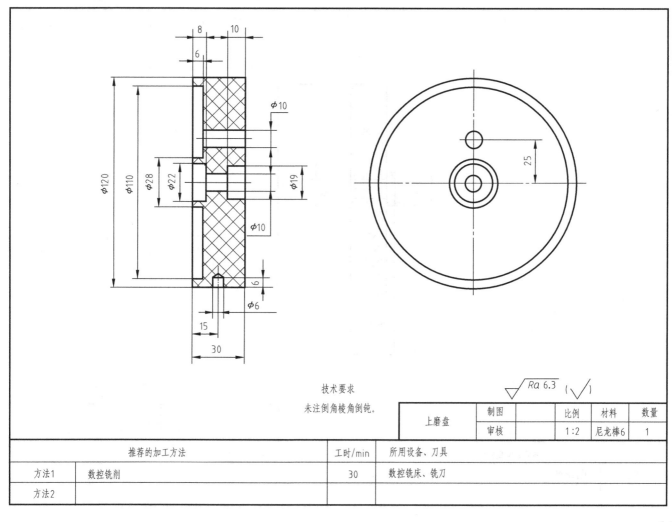

技术要求

未注倒角棱角倒钝。

$\sqrt{\frac{Ra\ 6.3}{}}$ ($\sqrt{}$)

上磨盘	制图		比例	材料	数量
	审核		1:2	尼龙棒6	1

推荐的加工方法		工时/min	所用设备、刀具
方法1	数控铣削	30	数控铣床、铣刀
方法2			

143

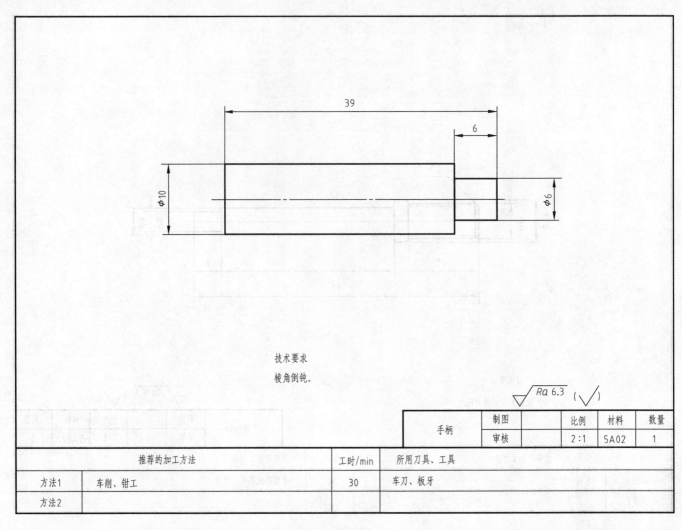

技术要求

棱角倒钝。

$\sqrt{Ra\,6.3}\ (\sqrt{\ })$

	手柄	制图		比例	材料	数量
		审核		2:1	5A02	1

	推荐的加工方法	工时/min	所用刀具、工具
方法1	车削、钳工	30	车刀、板牙
方法2			

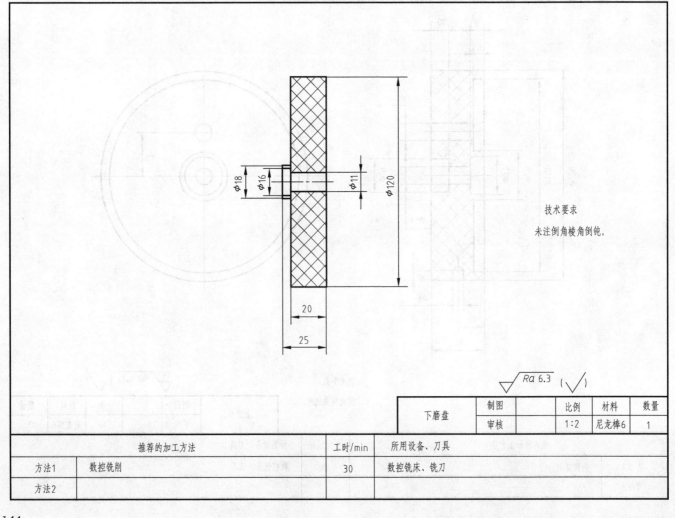

技术要求

未注倒角棱角倒钝。

$\sqrt{Ra\,6.3}\ (\sqrt{\ })$

	下磨盘	制图		比例	材料	数量
		审核		1:2	尼龙棒6	1

	推荐的加工方法	工时/min	所用设备、刀具
方法1	数控铣削	30	数控铣床、铣刀
方法2			

3.13.3 材料需求

表3-13 电动石磨材料（配件）清单

序号	材料(配件)名称	规格型号	数量	单价	金额/元	备注
1	亚克力板	$t5×200×100$	0.02m²	250元/m²	5.0	
2	铝棒	$\phi16×100$	0.054kg	40元/kg	2.2	
3	尼龙棒	$\phi120×30$	0.4kg	40元/kg	16	
材料费用(F)合计/元					23.2	
6	钻头	$\phi3$	5支	0.7元/支	3.5	
7	丝锥	M4	5支	9元/支	45	
刀具、工具费用合计/元					48.5	

注：材料价格参照第2章表2-11材料参考价格，刀具、工具费用不计入成本分析。

3.13.4 成本核算

该电动石磨样机的成本主要包含直接材料费用、直接人工费用和制造费用，其分类如下。

3.13.4.1 直接材料费用 F

根据表3-13电动石磨材料（配件）清单，该电动石磨样机试制直接材料费用为F=23.2元。

3.13.4.2 直接人工费用 S

根据第2章表2-12成都市机械制造工人小时工资参考，制造电动石磨的直接人工工时费用S=50元。

3.13.4.3 制造费用 M

根据第2章表2-13机床小时费率参考，计算得到电动石磨的制造费用M=105元。

3.13.4.4 总成本 C

根据以上统计，电动石磨总成本为

$$C=F+S+M=23.2+50+105=178.2（元）$$

3.13.5 学生参与设计的内容及制作要求

3.13.5.1 自主设计要求

① 支撑方式自行设计。

② 传动方式自行设计。

③ 电动手动转换方式自行设计。

3.13.5.2 制作要求

① 电动石磨零件的加工可参考样机实例推荐的加工工艺，但激光切割加工方式完成的零件不得超过总工作量的30%。

② 认真分析每个零件的加工工艺流程，再通过实际加工过程进行反思和总结，最后书写电动石磨的机械加工工艺过程卡。

3.14 水车磨坊的设计与制作

3.14.1 命题描述

3.14.1.1 基本功能

设计制作水车磨坊模型，能清楚直观地演示水车磨坊的工作过程。

① 水车叶片在水力或风力的作用下，带动水车旋转，并经由传动系统将运动传递给石磨，使石磨旋转。

② 以经典水车磨坊结构为基础，对水轮结构、传动系统、石磨执行系统进行变结构设计。

③ 制作的水车磨坊模型应达到结构新颖、方便拆装、外形美观、能量利用率高等要求。

3.14.1.2 基本结构

水车磨坊由支撑系统、水车、传动系统、上下磨盘等几部分组成，如图3-19所示。

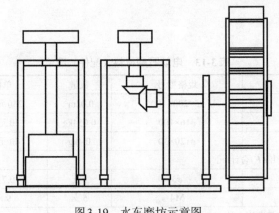

图3-19 水车磨坊示意图

3.14.1.3 基本条件

① 提供锥齿轮、小螺栓、小轴承等标准件，其他零件由学生自行加工。

② 磨盘材料给定。

③ 参考图中的设计方案、支撑方式、传动方式自行设计。

3.14.1.4 评分细则

① 在给定条件下进行结构创新设计，满足石磨的基本功能要求。

② 成绩构成主要根据作品的结构及功能做出综合评价。

③ 总成绩=方案创新性(30%)+结构合理性(20%)+作品可靠性、稳定性及可拆卸性(30%)+作品加工工艺性(10)%+作品外观(10%)。

④ 作品成绩由教师和学生组成的评委组，依据上述成绩评定标准，进行打分，取平均成绩得出。

3.14.2 样机主要结构说明及加工工艺

3.14.2.1 样机爆炸图

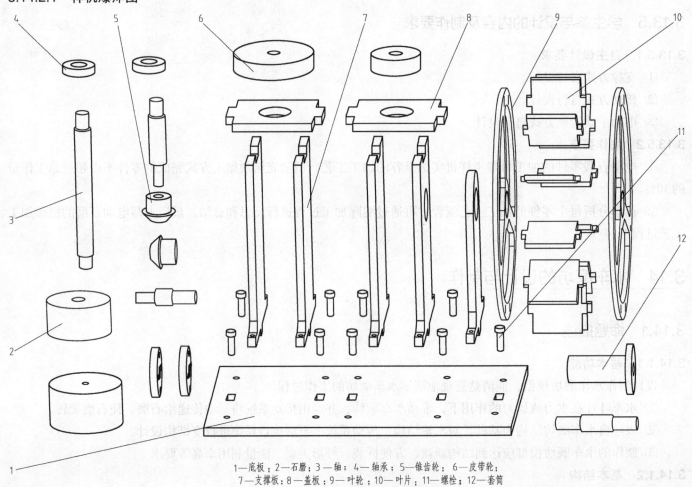

1—底板；2—石磨；3—轴；4—轴承；5—锥齿轮；6—皮带轮；
7—支撑板；8—盖板；9—叶轮；10—叶片；11—螺栓；12—套筒

146

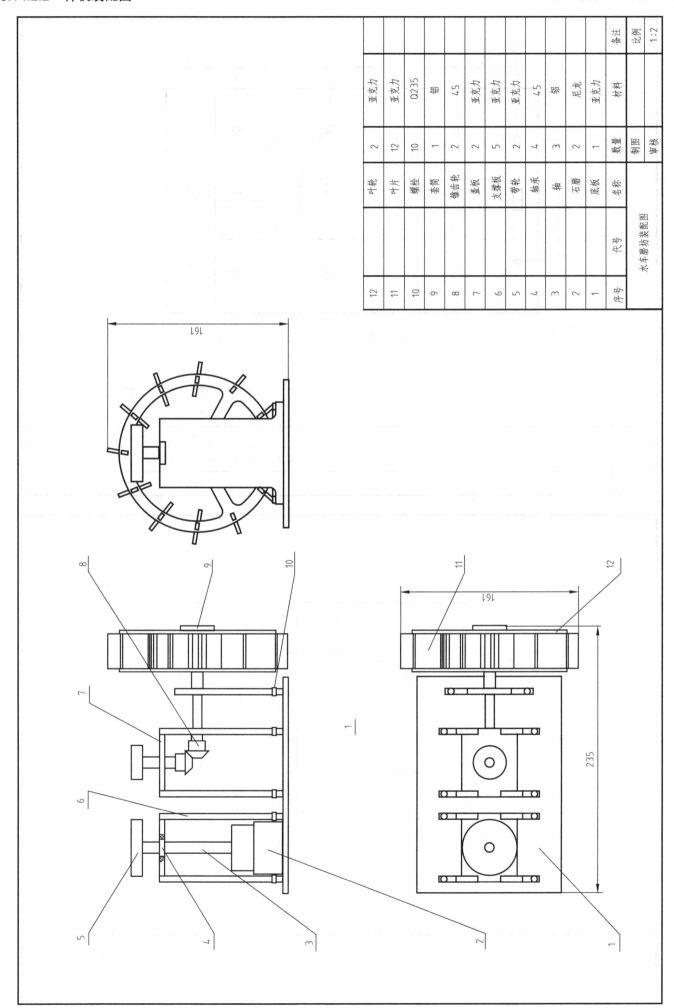

序号	代号	名称	数量	材料	备注
12		叶轮	2	亚克力	
11		叶片	12	亚克力	
10		螺栓	10	Q235	
9		套筒	1	铝	
8		锥齿轮	2	45	
7		盖板	2	亚克力	
6		支撑板	5	亚克力	
5		带轮	2	亚克力	
4		轴承	4	45	
3		轴	3	铝	
2		石磨	2	尼龙	
1		底板	1	亚克力	

水车磨坊装配图　　比例　1:2

制图　　审核

3.14.2.3 样机零件图

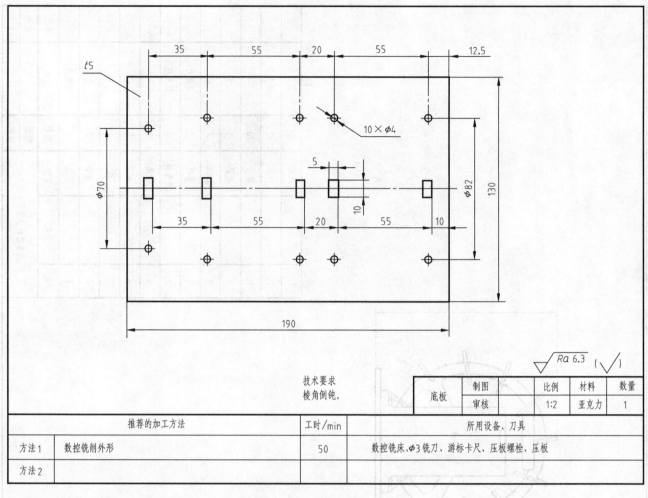

技术要求
棱角倒钝。

底板	制图		比例	材料	数量
	审核		1:2	亚克力	1

	推荐的加工方法	工时/min	所用设备、刀具
方法1	数控铣削外形	50	数控铣床、φ3铣刀、游标卡尺、压板螺栓、压板
方法2			

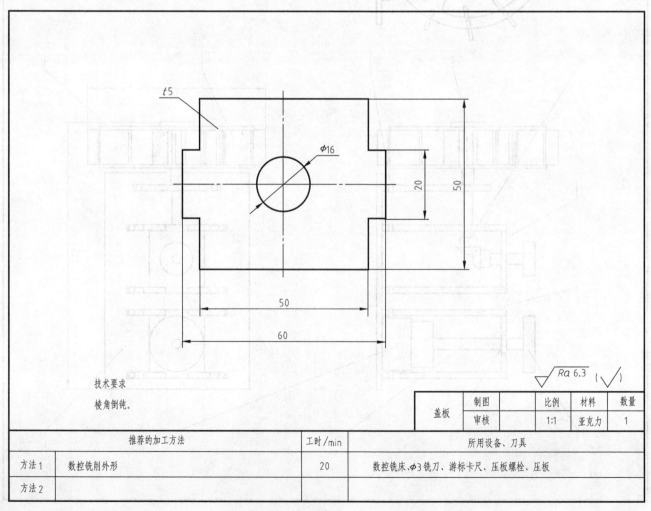

技术要求

棱角倒钝。

盖板	制图		比例	材料	数量
	审核		1:1	亚克力	1

	推荐的加工方法	工时/min	所用设备、刀具
方法1	数控铣削外形	20	数控铣床、φ3铣刀、游标卡尺、压板螺栓、压板
方法2			

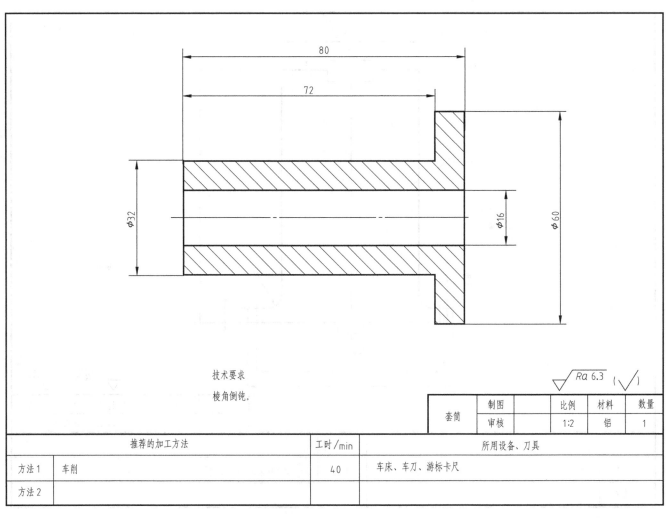

技术要求
棱角倒钝.

$\sqrt{\dfrac{Ra\ 6.3}{}}$（$\sqrt{}$）

套筒	制图		比例	材料	数量
	审核		1:2	铝	1

	推荐的加工方法	工时/min	所用设备、刀具
方法1	车削	40	车床、车刀、游标卡尺
方法2			

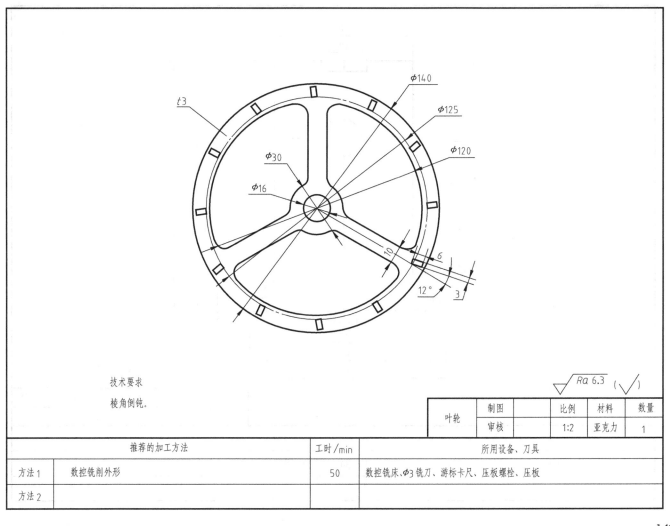

技术要求
棱角倒钝.

$\sqrt{\dfrac{Ra\ 6.3}{}}$（$\sqrt{}$）

叶轮	制图		比例	材料	数量
	审核		1:2	亚克力	1

	推荐的加工方法	工时/min	所用设备、刀具
方法1	数控铣削外形	50	数控铣床、φ3铣刀、游标卡尺、压板螺栓、压板
方法2			

149

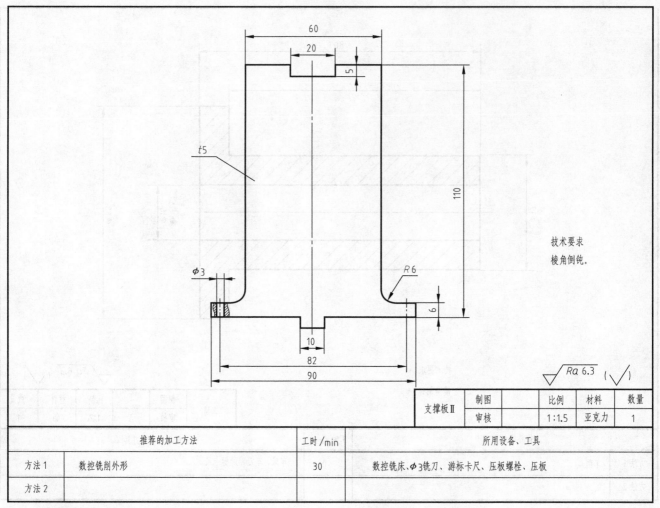

技术要求
棱角倒钝。

		支撑板Ⅱ	制图		比例	材料	数量
			审核		1:1.5	亚克力	1

推荐的加工方法		工时/min	所用设备、工具
方法1	数控铣削外形	30	数控铣床、φ3铣刀、游标卡尺、压板螺栓、压板
方法2			

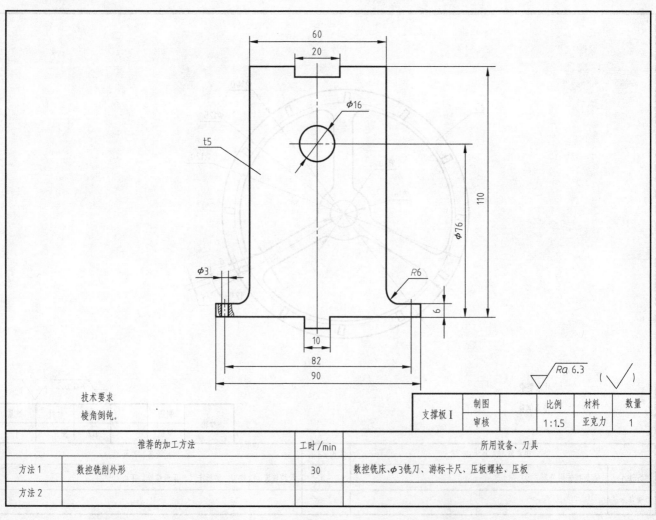

技术要求
棱角倒钝。

		支撑板Ⅰ	制图		比例	材料	数量
			审核		1:1.5	亚克力	1

推荐的加工方法		工时/min	所用设备、刀具
方法1	数控铣削外形	30	数控铣床、φ3铣刀、游标卡尺、压板螺栓、压板
方法2			

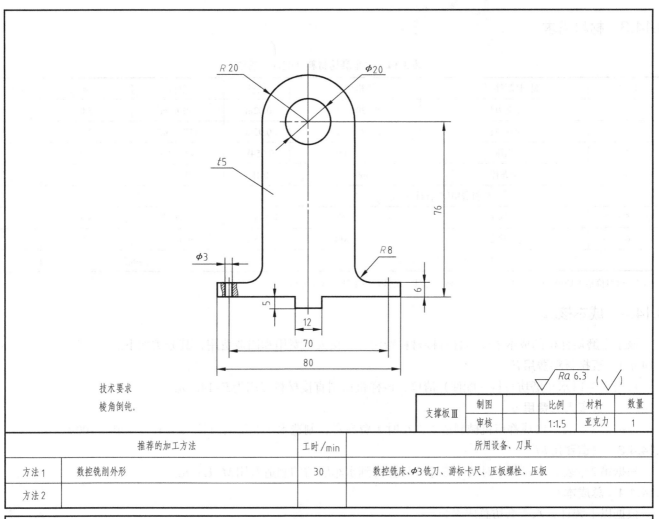

技术要求
棱角倒钝。

$\sqrt{Ra\,6.3}$ ($\sqrt{\ }$)

支撑板Ⅲ	制图		比例	材料	数量
	审核		1:1.5	亚克力	1

	推荐的加工方法	工时/min	所用设备、刀具
方法1	数控铣削外形	30	数控铣床、φ3铣刀、游标卡尺、压板螺栓、压板
方法2			

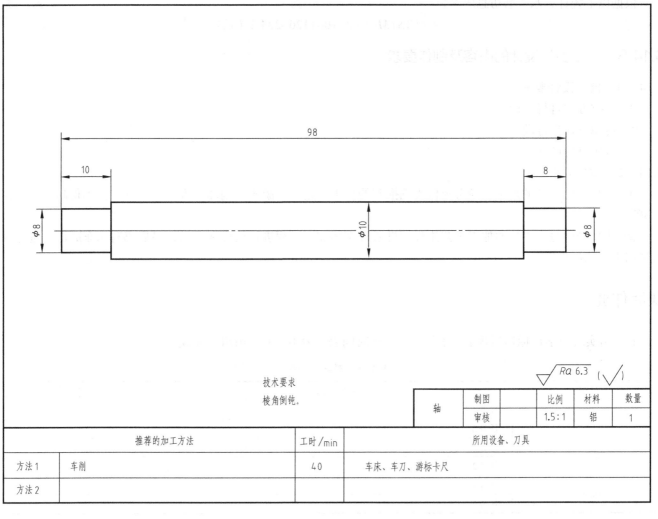

技术要求
棱角倒钝。

$\sqrt{Ra\,6.3}$ ($\sqrt{\ }$)

轴	制图		比例	材料	数量
	审核		1.5:1	铝	1

	推荐的加工方法	工时/min	所用设备、刀具
方法1	车削	40	车床、车刀、游标卡尺
方法2			

3.14.3 材料需求

表3-14 水车磨坊材料（配件）清单

序号	材料(配件)名称	规格型号	数量	单价	金额/元	备注
1	亚克力板	$t5×200×100$	$0.02m^2$	250元/m^2	5.0	
2	亚克力板	$t3×200×100$	$0.02m^2$	150元/m^2	3.0	
3	铝棒	$\phi16×100$	0.054kg	40元/kg	2.2	
4	尼龙棒	$\phi60×30$	0.1kg	40元/kg	4.0	
材料费用(F)合计/元					14.2	
5	钻头	$\phi3$	5支	0.7元/支	3.5	
6	丝锥	M4	5支	9元/支	45	
刀具、工具费用合计/元					48.5	

注：材料价格参照第2章表2-11材料参考价格，刀具、工具费用不计入成本分析。

3.14.4 成本核算

该水车磨坊样机的成本主要包含直接材料费用、直接人工费用和制造费用，其分类如下。

3.14.4.1 直接材料费用 F

根据表3-14水车磨坊材料（配件）清单，该样机试制直接材料费用为F=14.2元。

3.14.4.2 直接人工费用 S

根据第2章表2-12成都市机械制造工人小时工资参考，制造水车磨坊的直接人工工时费用S=100元。

3.14.4.3 制造费用 M

根据第2章表2-13机床小时费率参考，计算得到水车磨坊的制造费用M=120元。

3.14.4.4 总成本 C

根据以上统计，水车磨坊总成本为

$$C=F+S+M=14.2+100+120=234.2（元）$$

3.14.5 学生参与设计的内容及制作要求

3.14.5.1 自主设计要求

① 支撑方式自行设计。

② 传动方式自行设计。

③ 水轮自行设计。

3.14.5.2 制作要求

① 水车磨坊零件的加工可参考样机实例推荐的加工工艺，但激光切割加工方式完成的零件不得超过总工作量的30%。

② 认真分析每个零件的加工工艺流程，再通过实际加工过程进行反思和总结，最后书写水车磨坊关键零件的机械加工工艺过程卡。

课后作业

1. 写出实现教学目标达到教学要求的路线图和时间表（表3-15）。（由组长完成）

表3-15 教学任务时间表

姓名	具体任务分解		具体完成时间
组长	任务1		
	任务2		
队员1	任务1		
	任务2		
队员2	任务1		
	任务2		

2.绘制你选定的案例样机的一个零件图。（由两个负责加工的学生分别完成）

3.你选定的案例样机由几部分构成？你认为实现本案例要求的基本功能有何困难？如何破解？结合草图和文字说明改进思路。

4.机械制造综合实训报告由几部分内容构成，难点是哪一部分，如何破解？

5.列出加工选定案例样机所用的设备、刀具、量具、材料和配件清单（表3-16）。

表3-16　加工件和配件清单

加工件清单				
序号	零件名称	设备	刀具	量具	材料
1					
2					

配件清单			
序号	名称	规格	数量	用途
1				
2				

6.你选定的案例的评分规则是否合理？如何改进？

7.请用一到两句话概括每天综合实训的收获与不足，第二天需努力的方向。

附录

附录

附录1 机械制造综合实训课程概述

1.1 《机械制造综合实训》课程教学大纲

1.1.1 基本信息

基本信息见附表1。

附表1 基本信息

中文名称	机械制造综合实训					
英文名称	Comprehensive training of mechanical manufacturing					
开课学院	工程训练中心			课程编码	3212212020	
属 性	必修					
学 分	2	总周数	2	理论学时		上机学时	
适用专业	机械工程、机械设计制造及其自动化、过程装备与控制工程					
先修课程	4508601035		工程设计制图1			
	4507603020		工程设计制图2			
	4504021040		机械设计			
	4506020035		机械原理			
	2804361050		材料力学			
大纲执笔	工程训练中心教研室					
大纲审批	工程训练中心学术委员会			教学院长		

制定(修订)时间:2017年11月

1.1.2 目的与任务及能力培养

学生在完成机械制造实训单项工种基本训练的基础上,利用所学的制图基础知识、机械设计基本知识、掌握的计算机绘图技能及机械制造各工种的基本操作技能,根据团队选择项目,在充分调研的基础上,自行设计和制作,并完成综合实训报告。本课程以项目为载体,实现"以教师为主体"向"教师为主导、学生为主体"的方向转变;实现"知识型"向"知识与能力结合型"的方向转变;实现"以技能训练为主"向"知识、技能提升训练、综合训练、创新训练、团队合作训练相结合"的方向转变;实现"知识学习"向"知识学习和知识应用"的方向转变,实现"集中授课、统一模块教学"向"分散教学、项目管理、分组讨论、教师团队联合教学、启发式教学、开放式教学"的方向转变。以此培养学生在产品设计、制造、工艺和成本分析以及工程管理等方面的综合能力,巩固以前所学知识和掌握的技能,激发学生主动参与工程实践的积极性和创造性,增强学生工程意识和创新意识,提高学生的动手能力和综合素质。同时为学生以后的课程设计和毕业设计奠定基础。

1.1.3 基本要求

① 提前召开动员会,介绍课程的要求和学生前期需完成的工作,简要说明备选的题目。学生自由组合,每2~3人为一组,根据兴趣爱好自行选定实训题目。每个题目确定一名指导教师及协助团队,负责指导学生作品的设计、制作和报告编写、答辩等相关工作。

② 要求根据选定的题目查阅资料、市场调研。

③ 要用CAD软件进行三维实体建模完成作品的设计,并绘制零件图和装配图。

④ 要根据设计完成作品的实物或模型的制作。

⑤ 编写实训报告,需包括结构设计、工艺分析、成本分析、完整的零件图和装配图等内容。

⑥ 采用PPT答辩或比赛的形式进行汇报验收。

1.1.4 教学内容、要求及学时分配

1.1.4.1 机械制造综合实训内容

机械制造综合实训共计10天。

（1）准备、技能提升训练及设计阶段（6天）。

1）解读题目，介绍实训要求，确定设计方案（1天）。

① 项目指导教师介绍教学协助团队，确定学生团队成员的分工。

② 介绍课程的具体安排、具体要求，详细讲解项目设计的重点和难点，引导学生如何解决设计及制作中的关键问题。

③ 学生介绍前期开展的工作，初步的作品设计构思，与指导教师讨论并确定下一步工作。

2）技能恢复提升和作品设计（5天）。

① 每组两个成员分别到相应工种进行技能恢复提升训练，而另一个成员进行CAD培训及三维实体模型训练。

② 论证审定设计方案，进行结构设计，绘制零件图及装配图。

③ 落实作品的材料、标准件清单。

（2）分散制作、装配及调试阶段（3.5天）。

① 根据材料清单引导学生领取材料。

② 要求学生在设计图纸上编制简约的工艺过程，教师检查、修改，并签名。

③ 组织协调各组进行加工制作、装配及调试。

④ 指导教师督促各组学生撰写综合实训报告，完善设计图纸，制作答辩PPT，并进行预答辩。

（3）答辩验收（0.5天）。

① 公布比赛、答辩顺序，分组进行比赛、答辩验收。

② 组织相应的考核考评工作。

重点：培养学生综合分析问题、解决实际问题的能力和工程实践的能力。

难点：学生方案审定和跟踪管理。

1.1.4.2 教学方法要求

① 以启发式代替灌输式传授知识，更注重教学方法。

② 注重培养学生的创新意识、协作意识和团队精神。

③ 采用多种形式，课内与课外结合，积极推动、鼓励学生创新。

④ 传统加工与现代加工方法相结合，为学生构建自学和有针对性学习的环境和平台。

1.1.5 考核方式与评分标准

1.1.5.1 成绩核算办法

成绩核算分为总成绩和分项成绩分别核算，见附表2、附表3。

（1）总成绩

附表2　总成绩　　　　　　　　　　　　　　　　　　　%

项目	课堂成绩	实践成绩	实验成绩
总成绩	0	100	0

（2）分项成绩

附表3　分项成绩　　　　　　　　　　　　　　　　　　　%

项目	平时成绩	期中成绩	期末成绩
课堂成绩			
实践成绩	40	0	60
实验成绩			

1.1.5.2 成绩评定方式

（1）比赛类

1）平时

平时成绩(40%)=平时表现成绩(10%)+恢复提升训练成绩(10%)+图纸成绩(20%)。

2）期末

期末成绩(60%)=比赛成绩(40%)+实训报告成绩(15%)+答辩成绩（5%）。

（2）非比赛类

1）平时

平时成绩（40%）=平时表现成绩（10%）+恢复提升训练成绩（10%）+图纸成绩（20%）。

2）期末

期末成绩（60%）=作品成绩（40%）+实训报告成绩（15%）+答辩成绩（5%）。

1.1.5.3　成绩具体评定项目

① 平时表现成绩　平时成绩由项目指导教师评定，主要依据各位同学的课堂表现，团队贡献的大小给出，具体到每一个同学。

② 恢复提升训练成绩（包括技能培训和绘图培训两部分）　由相应的培训指导教师根据学生的表现，以及完成作业的情况评定。

③ 报告及图纸成绩　由项目指导教师团队综合评定。

④ 比赛成绩或作品成绩　由项目指导教师通过比赛规则计算或作品质量评定得出。

⑤ 答辩成绩　由答辩评审组评定。

1.1.5.4　考核的基本原则

① 采取定量考核和定性考核相结合的原则，以定量考核为主。

② 考核评定的成绩要符合正态分布的规律，同一组成员的成绩也未必一致。

③ 考核过程要完整，每一个环节的考核成绩必须合格，否则总成绩就不合格。

④ 考核结果为100分制。

1.1.6　主要参考文献

[1] 肖晓华. 机械制造实训教程［M］. 成都：西南交通大学出版社，2010.

[2] 刘德明. 机械制造综合实训教程［M］. 西南石油大学工程训练中心，2016.

[3] 王志海，罗继相，吴飞. 工程实践与训练教程（机械部分）［M］. 武汉：武汉理工大学出版社，2007.

[4] 张木青，于兆勤. 机械制造工程训练［M］. 广州：华南理工大学出版社，2007.

[5] 刘新佳. 金属工艺学实习教材［M］. 北京：高等教育出版社，2008.

1.2　机械制造综合实训教学运行流程

机械制造综合实训教学运行流程见附表4。

附表4　机械制造综合实训教学运行流程

控制节点		实施形式	执行时间	成果表现形式	备注
阶段	实施内容				
动员	集体宣讲课程要求、完成任务及组织形式	任课教师组织	课前一周	学生明确任务	
引导	课程的具体运行要求，项目解读及考核办法，方案设计	项目指导教师与学生互动	课程第一天（1天）	学生理解题目，明确具体任务和要求，简述设计思路	
引导	绘图培训	教师讲授与学生练习相结合	3天	提交作业或作品	团队成员各自完成一项任务
	技能提升训练				
构思	文献检索与查阅	教师指导，学生自主学习		提交设计方案	时间与引导的时间重叠
	研究项目的论证				
设计	项目任务分解：项目组设计分工及进度安排	学生自主，教师指导	2天	提交设计图纸	
	项目设计				
实现	实现要求说明	教师讲授	3.5天	提交实物作品	
	装置制作	教师指导，学生自主			
	实物组装、调试、运行	实物演示，教师询问			
运行	项目整改	学生自主	0.5天	提交验收资料，进行比赛，总结汇报	
	资料整理	学生自主，教师指导			
	答辩验收	工程训练中心组织			

××××的设计与制作

（大标题：黑体，二号，居中；间距：段前0.5行，段后0.5行；行距：固定值20磅）

1 项目背景及目的意义

（一级标题：黑体，三号；间距：段前0.5行，段后0.5行；行距：固定值20磅）

1.1 项目背景

（二级标题：黑体，小三号；间距：段前0.5行，段后0.5行；行距：固定值20磅）

1.2 项目目的意义

（正文：宋体，小四；两端对齐，首行缩进：2字符；行距：固定值20磅）

2 项目组成员分工

项目组成员包括组长、队员，各成员分工见附表1。

附表1 项目组成员分工

姓名	具体任务分解	具体完成时间
组长	任务1	
	任务2	
队员1	任务1	
	任务2	
队员2	任务1	
	任务2	

3 作品设计

3.1 设计思路

（简要描述教师进行命题解读、要求和启发，学生进行交流讨论、方案论证、绘图设计等过程。详细说明构思的各个初步方案实现功能的原理，有何难点，如何破解，并从加工、装配、运行等角度进行可行性分析，结合照片或示意图进行描述，所有图片均要有图号和图名。）

实例：通过讨论，经过比较齿轮传动和带传动的特点，本装置拟采用齿轮传动实现变速的功能（附图1），并参照汽车变速装置的结构设计了一套简易的变速装置，如附图2所示。

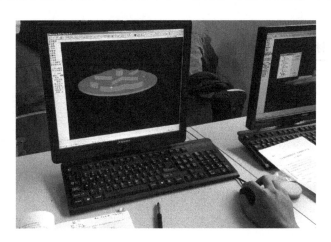

附图1 设计过程

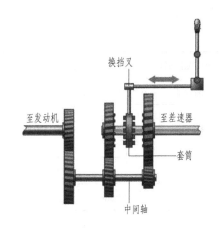

附图2 汽车变速装置

3.2 特点或创新点

4 工艺分析

[选择一个典型零件进行工艺分析（附表2），表格字体：宋体、五号，单倍行距，无缩进]

附表2 ×××零件加工工艺分析（以小车前叉为例）

机械制造综合实训 机械加工工艺过程卡片			零件名称				生产 批量	1件
材料			毛坯种类			毛坯尺寸	每毛坯可制 作件数	
序号	工序	工序内容	工序简图			机床 夹具	刀具	量具	工时 1min
1	数车	夹 φ25mm 外圆，车端面，车外圆 φ24.5mm，长度为 69mm 车外圆 φ8mm，长 31mm；车外圆 φ5mm，长 21mm；然后车外圆 φ4mm，长 9mm 调头装夹，车另一端面，保证尺寸 66mm 到位				CK6145 三爪 卡盘	切刀 外圆车刀	千分尺 0~25 和 游标卡尺0~125	4.6
2	数铣	夹持外圆 φ8mm，铣矩形面外形尺寸 20mm×15mm 到位，铣槽宽 10mm、深 30mm（尺寸到位） 换刀铣槽宽 4mm、深 9.5mm（尺寸到位）				XKN713 万能分度头	立式铣刀	游标卡尺 0~125	7.4

5 成本分析

材料费用见附表3。

附表3 材料费用

序号	材料或配件名称	毛坯类型	规格尺寸	数量	单价	金额/元	备注
1	铝合金	板料	3×100×100	1	40元/kg		
2							
3							
4							
5							
	合计						

注：材料价格请参考附表5。

总成本见附表4。

附表4 总成本

序号	零件名称	工艺内容	工时/h	人工费用	制造费用	小计	备注
1	前叉	车削					
2		铣削					
3							
4							
5							
		材料费用					
		总成本					

注：1.工时包括加工时间和设备调试及材料装夹等辅助时间，辅助按加工时间的30%预算。

2.人工费用和制造费用参考附表6和附表7。

附表5 材料参考价格

普通钢材	铝合金	有机玻璃			外购件
5元/kg	40元/kg	3mm厚150元/m²	5mm厚250元/m²	8mm厚400元/m²	按实际价格算

附表6 机械制造工人小时工资参考   元/h

车工	钳工	铣工	磨工	铸造	焊接	数控车削	数控铣削	线切割	激光切割	3D打印
26	38	26	26	30	38	30	30	30	30	30

附表7 机床小时费率参考

车床 CA6136	台钻 Z4012	铣床 X6132	磨床 M1420	铸造	焊接	数控车床 CK6132H	数控铣床 XK714C/1	线切割机床 DK7740B	激光切割 CLS3500	3D打印 UP plus2
25元/h	15元/h	30元/h	30元/h	4元/kg	10元/m	80元/h	80元/h	0.006元/mm²	1元/m	1元/g

6 作品制作过程

（描述典型零件的加工过程以及整个装置的装配过程，在此过程中遇到了什么难点问题，如何化解，均要采用零件图、加工过程的照片进行说明）

6.1 工种的选择

实例：① 底板、支撑板、支撑架采用数控铣削加工。

② 主动轴、从动轴采用车削加工。

……

6.2 制作过程

（负责传统加工和现代加工的同学分别说明加工零件的过程。）

实例：××同学利用数控铣床加工××，如附图3所示。该零件采用平口钳进行装夹，采用立铣刀进行加工，先钻孔，再铣削外轮廓……（附图4），在加工过程中遇到××难题，为了保证加工精度，采用了××措施。

附图3 ××数控铣床加工

附图4 ××激光雕刻加工

7 作品说明书

7.1 作品主要结构及其功能

实例：附图5所示为××装置的模型实物，该装置由底座、支架……几部分构成。其中底座支撑××零件或××部件……（附图6），整个装置能实训的功能有……

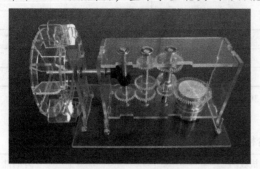

附图5 ××模型实物

附图6 ××装置变速部分结构

7.2 作品操作指南

8 项目验收

（说明比赛或验收的结果，包括作品照片、比赛照片、项目验收照片、师生团队照片等）

9 心得体会

（团队3个成员分别写心得体会）

实例（略）：

……

——王××

……

——许××

……

——张××

10 附件

附件1：主要零件及装配体三维图

（零件三维图至少5张、装配体三维图1张、装配体分解视图1张）

附件2：零件工程图

（零件工程图至少5张、装配图1张，按制图标准绘制）

附件3：PPT汇报讲义

（将PPT直接打印成讲义，每页6张，再装订于本报告）

附件4：教师审阅批改图纸

（将教师在设计阶段审阅过的图纸装订于本报告）

参 考 文 献

［1］ 詹友刚.Creo 3.0快速入门教程［M］.第3版.北京：机械工业出版社，2014.

［2］ 张安鹏，马佳宾，李永松.Creo Parametric高级应用［M］.北京：北京航空航天大学出版社，2013.

［3］ 高辉.Creo Parametric 2.0中文版从入门到精通［M］.北京：机械工业出版社，2013.

［4］ 马晓峰，丁源.Creo Parametric中文版从入门到精通［M］.北京：清华大学出版社，2013.

［5］ 美国Autodesk公司.AutoCAD 2012标准培训教程［M］.北京：电子工业出版社，2012.

［6］ 程光远.AutoCAD 2012标准培训教程［M］.北京：电子工业出版社，2012.

［7］ 张永茂，王继荣.AutoCAD 2007中文版机械绘图实用教程［M］第2版.北京：机械工业出版社，2007.

［8］ 符炜.机械创新设计构思方法［M］.长沙：湖南科学技术出版社，2006.

［9］ 温兆麟.创新思维与机械创新设计［M］.北京：机械工业出版社，2012.

［10］ 肖晓华.机械制造实训教程［M］.成都：西南交通大学出版社，2010.

［11］ 宋超英.机械制造实训教程［M］.成都：西安交通大学出版社，2011.

［12］ 李双寿，傅水根.机械制造实习［M］.北京：清华大学出版社，2009.

［13］ 王熙宁，裘建军.画法几何及机械制图［M］.北京：高等教育出版社，2015.

［14］ 毛昕，黄英，肖平阳.画法几何及机械制图［M］.北京：高等教育出版社，2010.

［15］ 大连理工大学工程图学教研室.机械制图［M］.第6版.北京：高等教育出版社，2007.

［16］ 贾瑞清，刘欢.机械创新设计案例与评论［M］.北京：清华大学出版社，2016.

［17］ 宋宝玉.简明机械设计手册［M］.哈尔滨：哈尔滨工业大学出版社，2008.

［18］ 机械设计手册编委会.机械设计手册：新版［M］.北京：机械工业出版社，2008.

［19］ 张建华.会计信息系统［M］.上海：上海交通大学出版社，2001.

［20］ 黄杰.图解成本管理一本通［M］.北京：中国经济出版社，2011.